嵌入式微处理器原理

主 编 罗清龙 冯 敏 郎丰法
副主编 邹瑞滨 郑世玲 范鑫烨
参 编 张 霞 王明红 李清涛
　　　　曹银杰

北京理工大学出版社
BEIJING INSTITUTE OF TECHNOLOGY PRESS

内 容 简 介

随着嵌入式技术和集成电路技术的发展，嵌入式微处理器的学习越来越重要。本书作为嵌入式微处理器的入门教材，选用 ARM Cortex-M 系列微处理器作为研究对象进行介绍。

全书分成 3 个部分：第一部分主要介绍微处理器基础及 Cortex-M3 微处理架构，包括第 1、2 章；第二部分主要介绍 Cortex-M3 微处理器的指令系统和基于 Cortex-M3 的汇编语言程序设计，包括第 3、4 章；第三部分主要介绍 Cortex-M3 微处理器的中断与异常、存储器和总线，包括第 5、6、7 章。

本书可作为高等院校计算机类、电子类、自动化类、人工智能类专业本科生的"微处理器原理""计算机系统原理""微型计算机原理"等课程的教材或参考书，也可供使用微处理器的工程技术人员参考。

版权专有　侵权必究

图书在版编目（CIP）数据

嵌入式微处理器原理／罗清龙，冯敏，郎丰法主编.
北京：北京理工大学出版社，2025.1.
ISBN 978-7-5763-4671-8

Ⅰ. TP332

中国国家版本馆 CIP 数据核字第 20254RL328 号

责任编辑：陆世立　　**文案编辑：**李　硕
责任校对：刘亚男　　**责任印制：**李志强

出版发行 /	北京理工大学出版社有限责任公司
社　　址 /	北京市丰台区四合庄路 6 号
邮　　编 /	100070
电　　话 /	（010）68914026（教材售后服务热线）
	（010）63726648（课件资源服务热线）
网　　址 /	http：//www.bitpress.com.cn
版 印 次 /	2025 年 1 月第 1 版第 1 次印刷
印　　刷 /	河北盛世彩捷印刷有限公司
开　　本 /	787 mm×1092 mm　1/16
印　　张 /	10.5
字　　数 /	247 千字
定　　价 /	78.00 元

图书出现印装质量问题，请拨打售后服务热线，负责调换

前　　言

随着计算机技术近几十年的飞速发展，嵌入式系统已经在很大程度上改变了人们的工作、生活和娱乐方式。嵌入式系统在工业自动化、国防、交通和航空航天等很多领域中得到了广泛的应用。嵌入式系统已经渗透到了人们的日常生活中。

ARM Cortex 系列提供了一个标准的体系结构来满足对以上领域中不同产品的性能要求，其包含的处理器是基于 ARMv7 架构的 3 种分工明确的款式。A 款式面向复杂的尖端应用程序，用于运行开放式的复杂操作系统；R 款式针对实时系统；M 款式为成本控制和微控制器的应用提供优化。Cortex-M 系列微处理器提供了可靠的嵌入式解决方案，广泛应用于各种智能设备和物联网中，主要面向实时操作系统（Real Time Operating System，RTOS）和低功耗应用，如自动化控制系统、传感器节点、消费电子产品等。它们兼具高性能、低功耗、实时性和丰富的外设接口，为开发人员提供了一种灵活可靠的平台来设计和构建各种嵌入式系统。通过合理选择核心类型，并结合具体的需求和预算考虑，可以确保选择到最适合的解决方案，从而实现高效、稳定和可靠的嵌入式应用。

本书的具体章节安排如下：

第 1 章介绍了微处理器、微型计算机系统、嵌入式计算机系统的发展以及 ARM 微处理器；

第 2 章介绍了 Cortex-M3 微处理器架构；

第 3 章介绍了 Cortex-M3 微处理器的指令系统；

第 4 章介绍了基于 Cortex-M3 的汇编语言程序设计，重点介绍了分支结构、循环结构程序的设计方法。

第 5 章介绍了中断与异常的基本概念，系统介绍了 Cortex-M3 中断系统；

第 6 章介绍了存储器的分类、存储器的主要性能指标、计算机的存储系统、存储芯片的扩展技术、存储器的片选控制和 Cortex-M3 的存储器管理；

第 7 章介绍了总线的基本概念和 Cortex-M3 的系统总线。

本书具有以下几个特点。

（1）本书以 Cortex-M3 微处理器架构为主线，按照由 Cortex-M3 微处理器中核内到核外的顺序依次介绍寄存器、中断控制器、存储器、总线等部件，内容清晰，适用于嵌入式方向应用型院校的课程教学，也适合读者自学。

（2）本书通过汇编语言程序设计能力的培养为载体，加深读者对 32 位微处理器的理解和认识，为相关专业后续嵌入式相关课程的学习奠定了坚实基础。

（3）全书以全新的视角思考以往微机原理课程的教学，通过 32 位 Cortex-M3 微处理器内容的介绍将传统课程进行全面升级，使其适应当前时代和科技发展，具有较强的理论意义与现实意义。

本书由罗清龙、冯敏、郎丰法主编,参加本书编辑及文字校对工作的还有邹瑞滨、郑世玲、范鑫烨、张霞、王明红、李清涛、曹银杰等。

本书在编写过程中得到了许多同行专家的宝贵建议,使本书的编写得以顺利完成,在此向他们表示诚挚的谢意。由于编者水平有限,书中难免有疏漏之处,恳请广大读者批评指正。

作 者

2024 年 8 月

目 录

第 1 章 绪论 ··· 1

1.1 微处理器基础 ··· 1
1.2 微型计算机系统概述 ··· 4
1.2.1 微型计算机系统的组成 ··· 4
1.2.2 微型计算机系统的硬件组成 ··· 5
1.2.3 微型计算机的软件系统 ··· 8
1.2.4 计算机系统的层次结构 ··· 13
1.3 嵌入式计算机系统的发展 ··· 15
1.4 ARM 微处理器简介 ··· 17
1.4.1 ARM 微处理器的发展 ··· 17
1.4.2 Cortex-M 系列微处理器简介 ··· 19

第 2 章 Cortex-M3 微处理器架构 ··· 21

2.1 计算机体系结构 ··· 21
2.1.1 冯·诺依曼结构和哈佛结构 ··· 21
2.1.2 流水线技术 ··· 25
2.1.3 复杂指令集和精简指令集 ··· 27
2.2 Cortex-M3 微处理器 ··· 29
2.2.1 Cortex-M3 微处理器内核体系结构 ··· 29
2.2.2 寄存器组 ··· 30
2.2.3 操作模式和特权级 ··· 35
2.2.4 异常、中断、中断向量表、中断控制器 ··· 36
2.2.5 存储器映射、存储器保护单元 ··· 39
2.2.6 总线接口 ··· 40

第 3 章 Cortex-M3 微处理器的指令系统 ··· 41

3.1 指令基础 ··· 41
3.1.1 ARM 指令系统的发展 ··· 41
3.1.2 Cortex-M3 微处理器的指令集 ··· 42
3.2 汇编语言指令 ··· 42

3.2.1 指令和指令格式 ... 42
3.2.2 指令的可选后缀 ... 43
3.2.3 指令的条件执行 ... 43
3.2.4 指令宽度的选择 ... 44
3.3 寻址方式 ... 44
3.3.1 立即寻址 ... 45
3.3.2 寄存器寻址 ... 45
3.3.3 寄存器间接寻址 ... 45
3.3.4 寄存器移位寻址 ... 46
3.3.5 基址变址寻址 ... 46
3.3.6 多寄存器寻址 ... 47
3.3.7 相对寻址 ... 48
3.3.8 堆栈寻址 ... 48
3.4 指令集 ... 49
3.4.1 数据传送类指令 ... 49
3.4.2 存储器访问类指令 ... 50
3.4.3 数据处理类指令 ... 58
3.4.4 跳转类指令 ... 65
3.4.5 转移类指令 ... 67
3.4.6 其他指令 ... 67

第4章 基于 Cortex-M3 的汇编语言程序设计 ... 69

4.1 汇编语言程序设计 ... 69
4.1.1 汇编语言与汇编器 ... 69
4.1.2 汇编语言程序规范 ... 70
4.1.3 汇编语言程序中常用的符号 ... 71
4.2 汇编器的伪操作指令 ... 75
4.2.1 符号定义伪操作指令 ... 75
4.2.2 数据定义伪操作指令 ... 77
4.2.3 汇编控制伪操作指令 ... 79
4.2.4 其他常用的伪操作指令 ... 80
4.2.5 宏指令及其应用 ... 84
4.3 简单程序设计 ... 85
4.3.1 汇编语言的程序结构 ... 85
4.3.2 顺序结构程序设计 ... 86
4.4 分支结构程序设计 ... 89
4.4.1 两分支结构程序设计 ... 89
4.4.2 多分支结构程序设计 ... 91
4.5 循环结构程序设计 ... 94

4.6 子程序设计 … 98
4.7 汇编语言程序和 C 语言程序的交互 … 99

第 5 章 中断与异常 … 105

5.1 中断概述 … 105
　5.1.1 中断的基本概念 … 105
　5.1.2 中断的分类 … 106
　5.1.3 中断优先级和中断嵌套 … 107
5.2 中断的处理过程 … 110
5.3 Cortex-M3 中断系统 … 111
　5.3.1 Cortex-M3 中断 … 111
　5.3.2 系统异常 … 114
　5.3.3 嵌套向量中断控制器 … 117

第 6 章 存储器 … 122

6.1 存储器的分类 … 122
　6.1.1 按存储介质分类 … 122
　6.1.2 按数据读/写顺序分类 … 123
　6.1.3 按存储原理分类 … 123
6.2 存储器的主要性能指标 … 126
6.3 计算机的存储系统 … 127
6.4 存储器的扩展技术 … 128
　6.4.1 位扩展 … 128
　6.4.2 字扩展 … 128
　6.4.3 字位扩展 … 129
6.5 存储器的片选控制 … 130
6.6 Cortex-M3 的存储器管理 … 134

第 7 章 总线 … 136

7.1 总线简介 … 136
　7.1.1 总线的分类 … 136
　7.1.2 总线的性能指标 … 139
7.2 总线仲裁 … 139
　7.2.1 集中式仲裁 … 139
　7.2.2 分布式仲裁 … 141
7.3 总线时序和总线数据传输方式 … 142
　7.3.1 总线时序 … 142
　7.3.2 总线数据传输方式 … 142
7.4 Cortex-M3 的系统总线 … 144

  7.4.1 AHB ………………………………………………………………… 145
  7.4.2 ASB ………………………………………………………………… 147
  7.4.3 APB ………………………………………………………………… 147
  7.4.4 Cortex-M3 的总线接口 …………………………………………… 148

习题 ………………………………………………………………………………… 150

参考文献 ……………………………………………………………………………… 152

附录 符号表 ……………………………………………………………………… 154

图目录

第1章

图1-1　微型计算机系统的组成 …………………………………………………… 5
图1-2　微型计算机系统的硬件组成 ……………………………………………… 6
图1-3　微处理器的基本组成部件 ………………………………………………… 6
图1-4　存储器的字节地址及其内容 ……………………………………………… 7
图1-5　微型计算机系统的硬件组成基本电路结构示意 ………………………… 8
图1-6　微型计算机系统的软件层次构成 ………………………………………… 11
图1-7　计算机系统的层次结构 …………………………………………………… 13
图1-8　ARM微处理器架构的历史进程 ………………………………………… 18

第2章

图2-1　基于冯·诺依曼结构的计算机的组成 …………………………………… 22
图2-2　基于总线的冯·诺依曼结构模型机 ……………………………………… 22
图2-3　哈佛结构与冯·诺依曼结构的对比 ……………………………………… 24
图2-4　指令的串行执行 …………………………………………………………… 25
图2-5　指令的三级流水示意 ……………………………………………………… 26
图2-6　四级指令流水线的时空图 ………………………………………………… 26
图2-7　Cortex-M3微处理器的结构 ……………………………………………… 30
图2-8　Cortex-M3中寄存器的组成 ……………………………………………… 31
图2-9　Cortex-M3微处理器中的工作模式和特权级的对应关系 ……………… 36
图2-10　允许的操作模式转换 …………………………………………………… 36
图2-11　Cortex-M3微处理器预定义的存储器映射 …………………………… 39

第3章

图3-1　寄存器间接寻址示意 ……………………………………………………… 45
图3-2　基址变址寻址示意 ………………………………………………………… 47
图3-3　多寄存器寻址示意 ………………………………………………………… 47
图3-4　满堆栈与空堆栈示意 ……………………………………………………… 48
图3-5　递减与递增堆栈示意 ……………………………………………………… 48
图3-6　LDMIA/LDMDB指令使用示例 ………………………………………… 56
图3-7　STMIA指令使用示例 …………………………………………………… 56
图3-8　入栈/出栈操作示意 ……………………………………………………… 57

第4章

图4-1　【例4-27】算法流程 ……………………………………………………… 86
图4-2　【例4-28】算法流程 ……………………………………………………… 88

5

图 4-3	【例 4-29】算法流程	89
图 4-4	【例 4-30】算法流程	90
图 4-5	【例 4-31】算法流程	92
图 4-6	【例 4-32】算法流程	94
图 4-7	程序的跳转示意	94
图 4-8	【例 4-33】算法流程	95
图 4-9	冒泡排序法算法流程	96

第 5 章

图 5-1	菊花链式中断优先权硬件查询原理	108
图 5-2	矢量中断优先权控制器原理框图	109
图 5-3	二级可屏蔽中断嵌套示意	109
图 5-4	中断处理的一般过程	110
图 5-5	中断挂起	113
图 5-6	尾链中断	113

第 6 章

图 6-1	DRAM 存储单元电路	124
图 6-2	层次化存储系统	127
图 6-3	存储系统的位扩展	128
图 6-4	存储系统的字扩展	129
图 6-5	存储系统的字位扩展	129
图 6-6	线译码方式电路连接	130
图 6-7	部分译码方式电路连接	132
图 6-8	全译码方式电路连接	133
图 6-9	Cortex-M3 存储器映射	134

第 7 章

图 7-1	元件级总线	137
图 7-2	按总线的组织形式分类	138
图 7-3	串行仲裁原理	140
图 7-4	并行仲裁原理	141
图 7-5	混合仲裁原理	141
图 7-6	同步传输方式	143
图 7-7	异步传输方式	143
图 7-8	半同步传输方式	144
图 7-9	基于 AMBA 总线系统的一个典型微处理器结构	145
图 7-10	AHB 结构框图	145
图 7-11	AHB 传输时序图	146
图 7-12	APB 桥接口框图	147
图 7-13	Cortex-M3 总线的连接	148

表目录

第 1 章
 表 1-1 ARM 微处理器名称及特性 ·· 19

第 2 章
 表 2-1 特殊功能寄存器说明 ·· 33
 表 2-2 组合程序状态寄存器 ·· 33
 表 2-3 ALU 标志寄存器 ·· 33
 表 2-4 中断号寄存器 ·· 34
 表 2-5 执行状态寄存器 ·· 34
 表 2-6 Cortex-M3 微处理器中的中断类型 ··· 37
 表 2-7 复位后的中断向量表的定义 ·· 38

第 3 章
 表 3-1 指令的条件码 ·· 43
 表 3-2 加载/存储指令 ·· 50
 表 3-3 Cortex-M3 指令集中的跳转类指令 ··· 65
 表 3-4 转移条件 ·· 67
 表 3-5 特殊寄存器访问指令 ·· 68

第 5 章
 表 5-1 中断类型定义 ·· 112
 表 5-2 BFSR（地址为 0xE000ED29）的定义 ·· 115
 表 5-3 MFSR（地址为 0xE000ED28）的定义 ··· 116
 表 5-4 UFSR（地址为 0xE000ED2A）的定义 ··· 117
 表 5-5 HFSR（地址为 0xE000ED2C）的定义 ··· 117
 表 5-6 SETENA 的定义 ·· 118
 表 5-7 CLRENA 的定义 ·· 118
 表 5-8 SETPEND 的定义 ·· 119
 表 5-9 CLRPEND 的定义 ·· 119
 表 5-10 PRI 的定义 ··· 120
 表 5-11 ACTIVE 的定义 ·· 120
 表 5-12 ICSR 的定义 ·· 120

第 6 章
 表 6-1 线译码地址分配表 ·· 131
 表 6-2 部分译码地址分配表 ·· 132
 表 6-3 全译码地址分配表 ·· 133

第 1 章

绪 论

1.1 微处理器基础

20 世纪 70 年代初，英特尔（Intel）公司研制出了 4 位微处理器 4004，70 年代中期，研制出了 8 位微处理器 8080，70 年代末期，16 位微处理器 8086 研制成功。随后 80286、80386、80486 和奔腾（Pentium）微处理器的出现使计算机的性能得到进一步提升，之后采用新结构、多核等新技术的中央处理器（Central Processing Unit，CPU）推动了个人计算机的高速发展。

生产微处理器的主流厂商有两家：Intel 和超威半导体（Advanced Micro Devices，AMD）。Intel 是最早生产 CPU 的厂家，20 世纪 70 年代以来，Intel 一直引导着 CPU 研发制造的技术潮流，占有最多的市场份额，AMD 是 Intel 最有力的挑战者。此外还有美国国际商业机器公司（International Business Machines，IBM）、中国台湾威盛电子股份有限公司（VIA）和中国龙芯中科技术股份有限公司（以下简称龙芯）生产各种类型的微处理器。2002 年诞生的"龙芯一号"是我国首枚拥有自主知识产权的通用高性能微处理芯片。龙芯从 2001 年以来共开发了 1 号、2 号、3 号 3 个系列处理器和龙芯桥片系列，在政企、安全、金融、能源等场景中得到了广泛的应用。

微处理器是微型计算机系统的核心部件，它的性能指标基本上决定了整机的性能。由于微处理器性能的不断增强，所以对其性能的评价也在发生变化，主要性能指标包括：字长、指令集、主频和运算速度、核心数、访存空间、高速缓存、多处理器系统、指令作业方式、微处理器芯片的制造工艺等。主频和访存空间越大，微处理器的性能越好。另外，多核的微处理器要比单核的微处理器的性能好；前端总线频率越大，微处理器的性能越好。

1. 字长

字长是指 CPU 一次能并行处理的二进制位数，也就是 CPU 在单位时间（同一时间）内能一次处理的二进制数的位数，是 CPU 的主要性能指标之一。由于一个字节由 8 个二进制位组成，所以计算机的字长总是 8 的整数倍。计算机的字长通常为 16 位、32 位、64 位。能处理字长为 8 位二进制数据的 CPU 通常称作 8 位的 CPU；同理，32 位的 CPU 能在同一时间内处理字长为 32 位的二进制数据。字长的数值是不固定的，即对于不同的 CPU，字长也不一样。

字长与计算机的功能和用途有很大的关系。字长直接反映了一台计算机的计算精度，为适应不同的要求及协调运算精度和硬件造价间的关系，大多数计算机均支持变字长运算，即机内可实现半字长、全字长（或单字长）和双倍字长运算。在其他指标相同时，字长越大的计算机，其处理数据的速度就越快。早期的微型计算机的字长一般是 8 位和 16 位，386 以及更高的处理器的字长大多是 32 位。目前市面上的计算机的处理器的字长大部分已达到 64 位。

字长由微处理器对外数据通路的数据总线条数决定。计算机处理数据的速率与它一次能加工的位数及进行运算的快慢有关。如果一台计算机的字长是另一台计算机的两倍，两台计算机的运行速度相同，在相同的时间内，前者能做的工作是后者的两倍。一般地，大型计算机的字长为 32 或 64 位，小型计算机的字长为 16 或 32 位，而单片嵌入式计算机的字长为 4、8 或 16 位。字长是衡量计算机性能的一个重要因素。

2. 指令集

CPU 的指令集（Instruction Set）是该 CPU 能执行的所有指令的集合。CPU 的指令集是软件与 CPU 这两个层级之间的接口。指令集因 CPU 的不同而不同。CPU 有了这些指令集，就可以更高效地运行。Intel 的处理器的指令集主要有 X86、EM64T、MMX 等系列；AMD 的处理器的指令集主要有 X86、X86-64、3D-Now；ARM 微处理器的指令集主要有 ARM、Thumb（Thumb-2）。

X86 指令集是 Intel 公司为其第一块 16 位 CPU（i8086）专门开发的。IBM 公司于 1981 年推出的世界上第一台个人计算机的 CPU 型号——i8088（i8086 简化版），使用的就是 X86 指令集。同时，微型计算机系统中为提高浮点数的处理能力而增加了 X87 芯片系列数字协处理器，则另外使用 X87 指令集。后来就将 X86 指令集和 X87 指令集统称为 X86 指令集。虽然随着 CPU 技术的不断发展，Intel 公司陆续研制出更新的 i80386、i80486 等系列 CPU，但为了保证微型计算机系统能继续运行以往开发的各类应用程序，以保护和继承丰富的软件资源，Intel 公司生产的所有 X86 系列及其兼容 CPU 仍然继续使用 X86 指令集，这些 CPU 仍属于 X86 系列，并形成了今天庞大的 X86 系列及兼容 CPU 指令集阵容。

RISC 指令集是以后高性能 CPU 的发展方向。与传统的 CISC 相比，RISC 的指令格式统一，种类较少，寻址方式较少。使用 RISC 指令集的体系结构主要有 ARM 和 MIPS。

3. 主频和运算速度

CPU 的主频是 CPU 的工作频率，也就是它的驱动时钟频率，单位是 MHz。一般来说，主频越高，一个时钟周期里完成的指令数就越多，CPU 的运算速度也就越快。但由于内部结构不同，并非所有时钟频率相同的 CPU 的性能都一样。人为提高 CPU 的工作频率可实现

CPU 的超频。超频对计算机具有一定的危害性，长时间超频工作会影响计算机系统的稳定性，缩短硬件的使用寿命。

运算速度是计算机完成操作的时间指标，也是衡量计算机性能的重要指标。计算机完成一个具体任务所需的一组指令称为执行该任务的程序，即程序为不同功能指令的集合。执行程序是需要时间的，即每条指令执行时需要时间。指令的运行时间越短，说明计算机的运算速度越快。由于微处理器为不同功能指令分配的运行时间不一样，因此，为了统一衡量标准，选用不同类型计算机实现同一操作的指令，即以寄存器加法指令运行时间为标准。寄存器加法指令的运行时间称为基本指令执行时间，用微秒（μs）表示，也可以用每秒能执行多少条基本指令来表示。例如，Intel 386 微处理器可以每秒处理 3 百万到 5 百万条机器语言指令，其运算速度是 3~5 MIPS（Million Instructions Per Second）。基本指令的执行时间与 CPU 的主频时钟周期有关，也与执行基本指令所需的时钟周期数量有关。因此，要提高指令执行速度，应提高主频时钟频率及减少所需时钟周期数量。除此之外，计算机的运算速度还与数据宽度、指令作业方式等有关。

4. 核心数

核心数是指 CPU 内核的数量，常见的 CPU 核心数有双核、四核、六核、八核、十二核等。

面对处理器主频提升，功耗和发热量也增加的难题，Intel 公司和 AMD 公司均转向了多核心的发展方向，即在无须进行大规模开发的情况下将现有产品发展成理论性能更为强大的多核心处理器系统。以双核处理器为例，双核处理器就是基于单个半导体的，一个处理器上拥有两个一样功能的处理器核心，即是将两个物理处理器核心整合进一个内核中。

5. 访存空间

计算机内存编址的基本单位是字节（Byte）。访存空间是指微处理器能访问的存储器单元的数量，其大小由微处理器的地址总线宽度确定。例如，8080 CPU 地址总线宽度为 16，能访问的存储器单元的数量是 $2^{16}=64$ K（精确值为 65 536），访存空间为 2^{16} B = 64 KB；8086 CPU 地址总线宽度为 20，能访问的存储器单元的数量是 $2^{20}=1$ M，访存空间为 2^{20} B = 1 MB；而 80486 CPU 地址总线宽度为 32，能访问的存储器单元的数量是 $2^{32}=4$ G，访存空间为 2^{32} B = 4 GB。Cortex-M3 微处理器的地址总线宽度也是 32，可寻址的地址范围也是 4 G。

虚拟存储空间是指通过硬件和软件的综合来扩大用户可用存储空间的技术。它是在内存储器（简称内存）和外存储器（简称内存，如软盘、硬盘或光盘）之间增加一定的硬件和软件支持，让两者形成一个有机整体，使计算机系统能运行比实际配置的内存容量大得多的任务程序。程序员在编程时不用考虑计算机的实际内存容量，程序文件预先放在外存储器中，在操作系统的统一管理和调度下，按某种置换算法依次调入内存储器被 CPU 执行。这样，从 CPU 看到的是一个速度接近内存却具有外存容量的假想存储器，这个假想存储器就称为虚拟存储器。例如，80386 CPU 的地址总线宽度为 32，实际地址可能的访存空间为 2^{32} B = 4 GB，而它的虚拟存储空间却高达 2^{46} B = 64 TB。

6. 高速缓存

高速缓冲存储器（Cache）简称高速缓存，是位于 CPU 与内存之间的临时存储器，它的容量比内存小但交换速度快。访问高速缓存比访问内存更快，但是高速缓存的价格昂贵，所以其容量相对内存来说较小。CPU查找数据的时候首先在第一级（L1）缓存中查找，然后看第二级（L2）缓存，如果还没有查找到，才到内存中查找。一些服务器还有第三级（L3）缓存，目的也是提高读取速度。在Cache中的数据是内存中的一小部分，但这一小部分是短时间内CPU即将访问的，当CPU调用大量数据时，就可避开内存直接从Cache中调用，从而加快读取速度。

7. 多处理器系统

多处理器系统是指微处理器具有协处理器接口，微处理器可以将某些任务，如数据的浮点运算交由协处理器去处理，从而减轻微处理器的工作负担，使计算机系统的功能增强。与8086 CPU对应的协处理器为8087，80386 CPU以上的微处理器已将协处理器集成到CPU内。

8. 指令作业方式

随着微处理器的发展，指令作业方式也发生了很大变化。在早期的CPU中，取指令与执行指令是分时进行的，即当CPU取指令时就不能执行指令；反之，当CPU执行指令时就不能取指令。8086 CPU采用了指令队列技术，取指令与执行指令可以同时进行，这样就提高了CPU的效率。指令流水线作业方式是更先进的指令作业方式，近年来微处理器上被广泛使用。

9. 微处理器芯片的制造工艺

半导体制造工艺技术是微处理器高速发展的基础。随着工艺的改进，微处理器的集成度越来越高，工作速度也越来越快，集成度从早期的每片数千个晶体管数量级到近期的每片数千万个晶体管数量级，主频从数兆赫兹到数千兆赫兹。在1995年以后，从$0.5\ \mu m$到$0.035\ \mu m$（35 nm）的芯片制造工艺已是历史；2016年以来，10 nm或7 nm是最新一代CPU的制造工艺；2018年以来，大型微处理器生产商纷纷推出商业化的7 nm处理器。麒麟980是全球首款运用7 nm芯片制造工艺的商用处理器，而稍后发布的苹果A12Bionic处理器和高通骁龙855处理器也都采用了7 nm芯片制造工艺。

以上介绍了微处理器的主要性能指标，除此之外微处理器还有集线、芯片热功耗、芯片工作电压、芯片温度系数等性能指标。

1.2 微型计算机系统概述

微型计算机系统的结构和组成与电子技术、集成电路技术及计算机技术的发展紧密联系，这决定了微型计算机系统的基本性能和功能虽然在不断增强，但其典型组成在一定历史时期内始终保持着相似性和一致性。

1.2.1 微型计算机系统的组成

微处理器、微型计算机与微型计算机系统是3个常见的基本术语，它们之间的联系和区别如下。

1. 微处理器（Microprocessor）

微处理器是整个微型计算机的核心部件和总控制单元，决定了微型计算机的基本性能。微处理器是把运算器、寄存器组和控制器集成在一片超大规模集成电路芯片上的功能部件，又称具有计算机系统运算和控制功能的 CPU。

2. 微型计算机（Microcomputer，MC）

微型计算机（简称微机）是以微处理器为核心，配以一定规模的半导体存储器、系统总线（包括数据总线、地址总线和控制总线）及其控制单元、硬盘、输入/输出（Input/Output，I/O）接口电路和辅助电路构成的装置，这些构成了微型计算机的基本硬件结构。

3. 微型计算机系统（Microcomputer System，MCS）

微型计算机系统是以微型计算机为主体，由输入设备、输出设备、外存储器设备（如移动硬盘和光盘驱动器）、电源、机箱，以及系统软件和应用软件组成的系统，简称微机系统。

硬件是计算机系统的物质基础，正是在硬件高度发展的基础上，才有软件生存的空间和活动场所，没有硬件对软件的支持，软件的功能就无从谈起；同样，软件是计算机系统的灵魂，没有软件的硬件"裸机"将不能供用户使用。因此，硬件和软件是相辅相成、不可分割的整体。

单纯的微型计算机总体上只是一个硬件模块的组织结构，本身无法运行。如果在微型计算机中建立起必要的软件，就能独立执行程序，完成运算和逻辑判断功能。但是，微型计算机所运行的程序和所需的数据需要通过外部设备输入，而运算完成后的结果也需要显示器或打印机之类的外部设备输出显示或打印出来。因此，需要配备必要的输入和输出设备，所有这一切就构成了能投入实际应用的微型计算机系统。

微处理器、微型计算机与微型计算机系统是 3 个含义不同但又密切相关的概念，对应着互为依存的各类软、硬件部件，3 者的关系可以用图 1-1 所示的结构来描述。

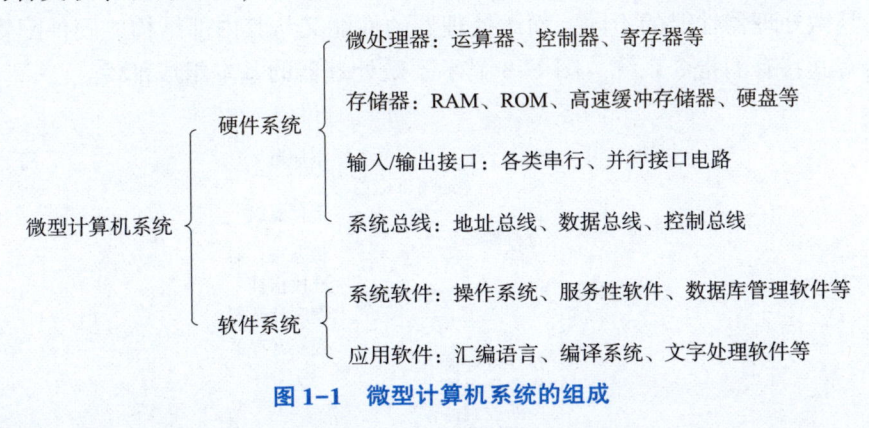

```
                            ┌─ 微处理器：运算器、控制器、寄存器等
                   ┌ 硬件系统┤  存储器：RAM、ROM、高速缓冲存储器、硬盘等
                   │        │  输入/输出接口：各类串行、并行接口电路
微型计算机系统 ────┤        └─ 系统总线：地址总线、数据总线、控制总线
                   │        ┌─ 系统软件：操作系统、服务性软件、数据库管理软件等
                   └ 软件系统┤
                            └─ 应用软件：汇编语言、编译系统、文字处理软件等
```

图 1-1 微型计算机系统的组成

1.2.2 微型计算机系统的硬件组成

微型计算机系统的硬件包括系统主板、电源、机箱和外部设备等。

一个最基本的微型计算机硬件系统的组成如图 1-2 所示。图中，微处理器是微型计算机的运算、控制中心，用来实现算术、逻辑运算，并对全机进行控制；内存储器（简称主存或内存）用来存储程序或数据；系统总线是微型计算机中所有组成部分之间传输信息共同使用的通道；外部设备包括输入/输出设备、外存储器；I/O 通道包括模拟量 I/O 和开关量 I/O。外围设备一般需要通过输入/输出（I/O）接口与微型计算机相连。

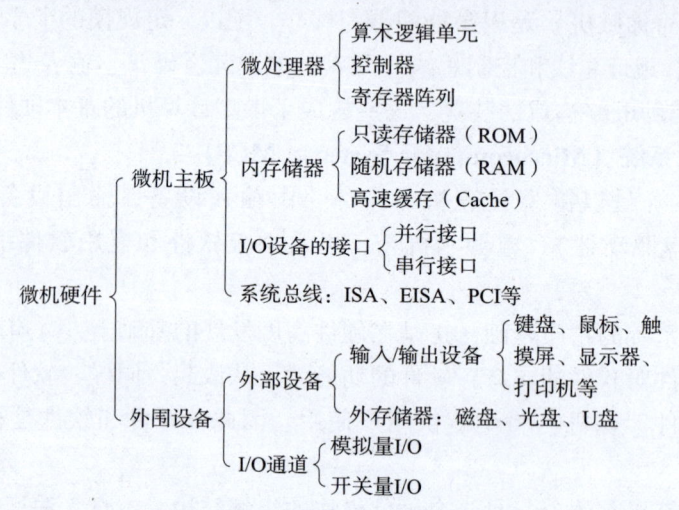

```
                             ┌ 算术逻辑单元
                   微处理器 ┤ 控制器
                             └ 寄存器阵列
                             ┌ 只读存储器（ROM）
         ┌ 微机主板 ┤ 内存储器 ┤ 随机存储器（RAM）
         │                   └ 高速缓存（Cache）
         │         I/O设备的接口 ┬ 并行接口
微机硬件 ┤                       └ 串行接口
         │         系统总线：ISA、EISA、PCI 等
         │                             ┌ 键盘、鼠标、触
         │                   输入/输出设备 ┤ 摸屏、显示器、
         └ 外围设备 ┬ 外部设备 ┤            └ 打印机等
                   │         └ 外存储器：磁盘、光盘、U盘
                   └ I/O通道 ┬ 模拟量I/O
                             └ 开关量I/O
```

图 1-2 微型计算机系统的硬件组成

目前，最流行的微型计算机硬件系统一般都是由主机板（包括 CPU、主存储器 RAM、CPU 外围芯片组、总线插槽）、外部设备接口卡、外部设备（如硬盘、显示器、键盘、鼠标）及电源等部件组成的。

1. 微处理器

微处理器是微型计算机的运算和指挥控制中心。不同型号的微型计算机，其性能的差别首先体现在其微处理器性能的不同，而微处理器的性能又与其内部结构、硬件配置有关。每种微处理器有其特有的指令系统。图 1-3 显示了微处理器的基本组成部件。

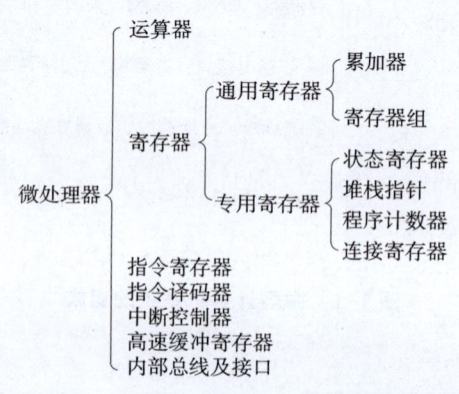

```
            ┌ 运算器
            │                     ┌ 累加器
            │         通用寄存器 ┤
            │                     └ 寄存器组
            │ 寄存器 ┤           ┌ 状态寄存器
微处理器 ┤           专用寄存器 ┤ 堆栈指针
            │                     │ 程序计数器
            │                     └ 连接寄存器
            │ 指令寄存器
            │ 指令译码器
            │ 中断控制器
            │ 高速缓冲寄存器
            └ 内部总线及接口
```

图 1-3 微处理器的基本组成部件

微处理器具有运算器和控制器的功能。运算器主要由算术逻辑单元（Arithmetic Logic Unit，ALU）和寄存器组成；控制器由指令寄存器（Instruction Register，IR）、指令译码器

(Instruction Decoder，ID)、控制逻辑阵列和程序计数器（Program Counter，PC）等组成；中断系统也是微处理器必须具有的，一般情况下，它直接受控制器控制。

2. 内存储器

微型计算机系统中的存储器按照功能和访问方式的不同，可分为内存和外存。内存用于存放 CPU 即将使用或正在使用的数据和程序，它们可以直接被 CPU 访问，通常为半导体存储器。外存用于存放暂时不用的数据和程序，CPU 不可以直接访问它们，须通过专门的驱动设备访问，它们通常采用容量大的磁介质存储器或光存储器，计算机中的机械硬盘、固态硬盘及光盘都是外存。

在微型计算机中，将存储器单元按字节编址，并组织成计算机的存储器系统。按字节编址的含义是：当每个存储单元有且只能存储一个 8 位二进制数据或数码（即一字节的数据）时，赋予这个存储单元一个地址码，如图 1-4 所示。其中"0x20002000H"是用十六进制数表示的存储单元的字节地址，当前是 32 位的地址。实际计算机系统中具体有多少位地址，取决于微处理器的地址线的数目。"10011000"是用二进制数表示的、在存储器中存放的内容，它可能是某指令的机器码，也可能是 8 位的二进制数据。

地址	存储内容
	...
0x20002000H	10011000
0x20002001H	00001001
	...

地址增加方向

[0x20002000H]=10011000B=0x98H

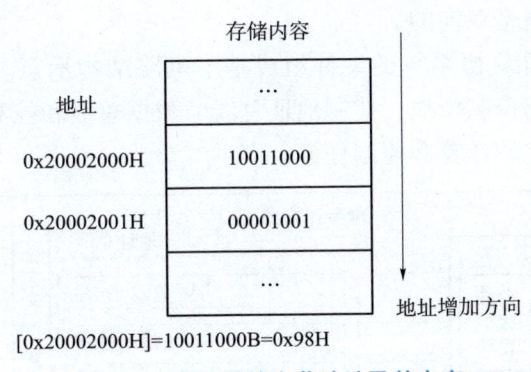

图 1-4 存储器的字节地址及其内容

3. I/O 设备的接口

I/O 设备是微型计算机系统的重要组成部分，微型计算机通过它与外部交换信息，完成实际工作任务。键盘、鼠标、扫描仪等是输入设备；显示器、打印机等是输出设备。I/O 设备被统称为外部设备，简称外设。

I/O 设备一般不能直接和计算机相连，而是通过 I/O 接口和计算机相连。I/O 接口是计算机主机与各种外设的连接部件（电路），是计算机与外设进行信息交换的中转站。

接口技术是指采用硬件与软件相结合的方法，研究微型计算机如何与外设进行最佳耦合匹配，以实现高效、可靠的信息交换。

4. 系统总线

系统总线实际上是一组导线，用来传输特定的信息、数据、地址或控制信息。系统总线是微型计算机中所有组成部分传输信息共同使用的通道。系统总线分为数据总线、地址总线和控制总线。

1）数据总线

数据总线（Data Bus，DB）用来传输数据信息，是双向三态总线。双向是指数据的传输既可以从 CPU 通过数据总线传输到内存或输出设备，也可以从内存或输入设备传输到 CPU，三态是指数据总线、CPU 和其他部件都是通过三态门来连接的，即指逻辑 0、逻辑 1 和高阻抗。只有当前和 CPU 发生数据传输的设备处于逻辑状态，不参与传输的设备都处于高阻抗状态。必要时，CPU 和数据总线的连接也可以是高阻抗状态，以便其他处理器控制和使用数据总线。

2）地址总线

地址总线（Address Bus，AB）用于传输 CPU 发出的地址信息，是单向三态总线。其传输的地址可以是内存的地址，也可以是外设的地址。无论 CPU 是和存储器交换数据，还是和外设交换数据，都是首先发送地址，选定需要操作的存储单元或外设，再通过数据总线进行数据传输。

3）控制总线

控制总线（Control Bus，CB）用来传输控制信号、时序信号和状态信息等。其中有的控制信号是 CPU 向内存或外设发出的信息，有的则是内存或外设向 CPU 发出的信息。也有少数控制总线是双向分时使用的。可见，控制总线中每一根线的传输方向是确定的，但作为一个整体而言，控制总线是双向的。

图 1-5 所示为微型计算机系统的硬件组成基本电路结构示意。可见 CPU 是核心部件，通过总线接口模块和译码控制模块，控制地址总线、数据总线和控制总线与其他部件进行数据和信息交换，完成指定的计算和控制任务。

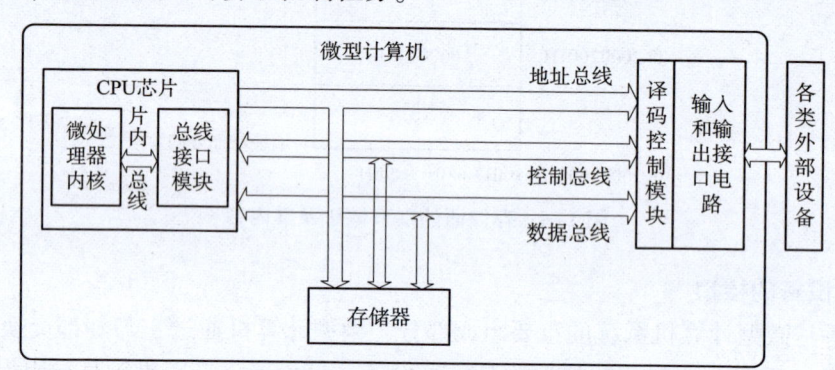

图 1-5 微型计算机系统的硬件组成基本电路结构示意

1.2.3 微型计算机的软件系统

微型计算机系统由硬件系统和软件系统组成。微型计算机软件是程序、数据和有关文档的集合。程序是完成任务所需要的一系列指令序列；文档则是为了便于了解程序所需要阐明的资料。微型计算机硬件是基础，是运行软件的平台；而微型计算机软件则是整个微型计算机系统的主导和灵魂，能使硬件最大限度发挥作用。

1. 计算机语言和语言处理程序

1）计算机语言

众所周知，人与人之间的交往是通过自然语言进行的。同样，人与计算机之间交换、传递信息也需要有一种语言，这种语言就称为计算机语言，或者称为程序设计语言。计算机语言随着计算机技术的不断发展而逐步发展起来，按照其对计算机的依赖程度可分为4类：机器语言、汇编语言、高级语言和面向对象程序设计语言。

(1) 机器语言。

微型计算机系统的各种操作是由二进制代码实现的，这些二进制代码就是机器语言，它能够由CPU直接解释，并得到对应的各种信号，从而达到执行的目的。一条机器指令就是一句机器语言。

用机器语言编写的程序由0和1组成，不仅难学、难读、难记、难改，而且不同的CPU有不同的机器语言，因此只有少数专业人员能够掌握，这严重影响了计算机的推广和应用。

(2) 汇编语言。

为了克服机器语言的缺点，就采用一些英文单词的缩写来表示机器指令，这样就容易阅读和理解。例如，汇编语言指令"SUB AL, 12H"中的"SUB"（Subtract）表示减法，"AL"（Accumulator Low byte）表示累加器的低字节，代表参加运算的目的操作数，"12H"是十六进制数，为参加运算的源操作数。读到这条指令时，就比较容易理解。

汇编语言指令与机器语言指令是一一对应的，仍然是面向机器的语言，不同的CPU采用不同的助记符，因此不同的CPU的汇编语言指令的写法和含义各有差异。

汇编语言和机器语言一样，具有速度快、效率高、能够直接对硬件进行操作等优点，因此在实时控制和处理、硬件的底层驱动等场合中得到了非常广泛的应用。学习汇编语言也有助于理解微型计算机系统的组成结构和工作过程。

需要注意的是，汇编语言不能直接在机器上运行，它只是为了改善程序的可读性和可记忆性而设计的，因此汇编语言程序在执行前，需要翻译成相应的机器语言程序。

(3) 高级语言。

高级语言不依赖具体的CPU，不受微型计算机机型的限制，可读性更好。高级语言很接近人们习惯使用的自然语言和数学语言，允许使用英文单词或缩写词，允许使用各种运算符号和表达式，并按照一定规则组成语句。因此，高级语言容易学习、理解和掌握，具有通用性。用高级语言编写的程序具有非常好的可移植性。

高级语言目前有数百种，应用较普遍的有C、C++、Python、Visual Basic等，高级语言还在不断朝面向对象、可视化和网络化方向发展，如Java等。高级语言程序也需要翻译成相应的机器语言程序后，才能由计算机执行。

(4) 面向对象程序设计语言。

针对对象模型进行程序设计的思想就称为面向对象程序设计，对象就是现实世界中的各种事和物及其相互关系，这些事、物及其相互关系需要通过程序进行描述和说明。原始的程序设计思想是将方法和对象分离，而现代程序设计思想是将两者结合。面向对象程序具有模块化、多态性、继承性和动态联编等特点。

2) 语言处理程序

语言处理程序的功能是把用一种语言编写的程序翻译成与其等价的另一种语言所编写的程序。被翻译的程序通常称为源程序，而翻译后的程序称为目标程序。语言处理程序包括汇编程序、解释程序和编译程序。

（1）汇编程序。

汇编程序是把用汇编语言编写的源程序翻译成机器语言的目标程序的一种软件工具。翻译的过程实质上是对汇编语言指令逐条处理的过程，翻译后产生的机器语言指令与汇编语言指令一一对应。翻译的过程通常要进行两遍：第一遍将汇编语言指令转换为对应的机器语言指令；第二遍根据各指令的字节数，计算转移指令的地址偏移量。

（2）解释程序。

解释程序是把用高级语言编写的源程序按动态的运行顺序逐句进行翻译并执行的软件工具，每翻译一句，就产生一系列完成该语句功能所对应的机器语言指令，并立即执行这一系列的机器语言指令，直至全部源程序被翻译结束。翻译过程中若出现错误，系统则立即显示出错信息，待修改正确后才能继续进行下去。

（3）编译程序。

编译程序是把用高级语言编写的源程序翻译成用机器语言表示的目标程序。在翻译过程中，编译程序对源程序的语法、句法和程序的逻辑结构进行检查，如果没有错误，则产生相应的目标程序。不同高级语言的编译程序是不同的，同一种高级语言在不同的计算机平台上的编译程序也不同。

2. 软件的分类

软件就是能通过微型计算机硬件系统完成特定任务的 CPU 指令代码的集合。微型计算机正常工作的所有软件的总和称为软件系统。软件系统可分为系统软件和应用软件两大类。其中，系统软件用来支持应用软件的开发和运行，主要包括操作系统、系统检测软和编译软件等；应用软件则是用来为用户解决某种具体问题的程序软件。

微型计算机的软件与一般计算机的软件没有本质上的区别，都是指为完成运行、管理和测试维护等功能而编制的各种程序的总和。现代微型计算机软件系统更加丰富和复杂，其主要的功能可概括为以下 4 个：

（1）控制和管理硬件资源，协调各组成部件的工作，以使微型计算机安全而高效地运行（操作系统）；

（2）尽可能为用户提供方便、灵活且富于个性化的计算机操作界面（操作系统）；

（3）为专业人员提供开发多种应用软件所需的各种工具和环境（软件工具与环境）；

（4）为用户能完成特定信息处理任务而提供的各种信息处理软件（应用软件）。

系统软件是指不需要用户干预就能生成、准备和执行其他程序所需的一组程序，它们是为微型计算机所配置的、用于完成基本功能的基础性的软件。通常，这些软件在用户购置机器时由计算机供应商提供，如操作系统、某种程序设计语言的处理程序以及一些常用的实用程序等。应用软件是指用于解决各种特定具体应用问题的专门软件，是用户可以使用的各种程序设计语言，以及各种程序设计语言编制的应用程序的集合。

如果按照应用软件的开发方式和应用范围的不同，可将应用软件大致分为以下两类。

（1）定制软件：这是指根据用户的特定需求而专门开发的应用软件，它的针对性强，运行效率高，相应地成本也很高。

（2）通用应用软件：这是指为满足广大用户和多种行业的普遍需求而开发的应用软件，如文字处理软件、电子表格软件、多媒体制作软件、绘图软件、通信软件、统计软件等。它们的通用性强，版本升级、更新快，使用效率和易用性也比较好。

应当指出，硬件系统和软件系统是相辅相成的，它们共同构成微型计算机系统，缺一不可，如图1-6所示。现代的计算机硬件系统和软件系统之间的分界线并不明显，总的趋势是两者统一融合，在发展上互相促进。人是通过软件系统与硬件系统发生联系的，通常，由人使用程序设计语言编制应用程序，在系统软件的干预下使用硬件系统。

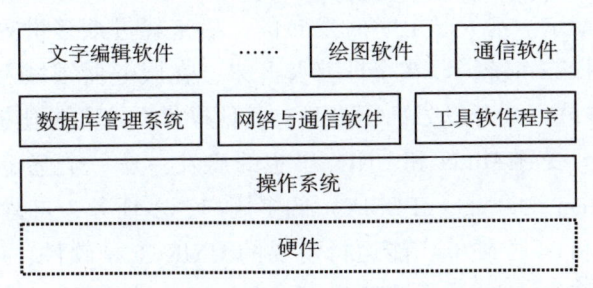

| 文字编辑软件 | …… | 绘图软件 | 通信软件 |
| 数据库管理系统 | 网络与通信软件 | 工具软件程序 |
| 操作系统 |
| 硬件 |

图1-6 微型计算机系统的软件层次构成

3. 操作系统的概念

在管理计算机各部件协调工作的软件中，规模较大、功能较强、结构较复杂的软件称作系统软件，或称为操作系统（Operating System）。操作系统是微型计算机软件的核心，与微型计算机硬件联系密切，它不仅可以管理和控制系统的各种资源，使系统能够正常、协调地工作，而且其他软件都需要通过它才能发挥作用。

操作系统的主要作用有以下两个。

（1）方便用户使用计算机。操作系统为用户提供了一整套方便其使用整个计算机系统的计算机程序，因此可以把操作系统看作用户与计算机系统间的媒介或协调者。

（2）提高计算机的使用效率。在用户对计算机系统的具体硬件结构完全不熟悉的情况下，可通过操作系统提供的一整套功能很强大的命令调用相关软件来高效地使用计算机。

操作系统本身是由许多程序软件组成的，其中的许多软件负责管理计算机底层硬件的各部件的协调工作。此外，各种应用程序、语言处理程序和辅助处理程序等软件都是在操作系统的管理协调和控制下运行的。

微型计算机系统的早期操作系统为磁盘操作系统（Disk Operating System，DOS），其提供了命令处理、文件管理和设备管理等功能，另外还提供了许多功能供调用且公开代码，对微型计算机系统的快速发展起到了积极的推进作用。

目前微型计算机常用的操作系统有Windows、Linux、iOS、Android和鸿蒙。

1990年5月，微软（Microsoft）公司推出Windows 3.0操作系统，其以先进的动态内存管理方式和图形用户界面（Graphical User Interface，GUI）引起计算机界的强烈反响。它的图形窗口操作方式替代了DOS环境下的命令行操作方式，使计算机变成一个更直观、易学、好用的工具。但它是基于DOS平台的操作系统。

1993年8月，Microsoft公司推出Windows NT系列；1996年推出Windows Server系列；2000年推出Windows Mobile系列（后被Windows Phone取代）。Microsoft Windows早期为MS-DOS虚拟环境，后采用GUI，其操作界面先后在1995年（Windows 95）、2001年（Windows xp）、2006年（Windows Vista）、2012年（Windows 8）进行大幅整改。截至2022年，Microsoft Windows更新推送系统30余个，普通版本已更新至Windows 11；服务器版本已更新至Windows Server 2022。

Linux操作系统的核心最早是由林纳斯·本纳第克特·托瓦兹（Linus Benedict Torvalds）于1991年8月在芬兰赫尔辛基大学上学时发布的，后来经过众多世界顶尖的软件工程师不断修改和完善，Linux操作系统得以在全球普及开来，在服务器领域及个人桌面版领域得到越来越广泛的应用，在嵌入式开发方面更是具有其他操作系统无可比拟的优势。

Linux操作系统主要受到Minix和UNIX思想的启发，是一个基于可移植操作系统接口（Portable Operatirg System Interface，POSIX）的多用户、多任务、支持多线程和多CPU的操作系统。它支持32位和64位硬件，能运行主要的UNIX工具软件、应用程序和网络协议。Linux继承了UNIX以网络为核心的设计思想，是一个性能稳定的多用户网络操作系统。Linux有上百种不同的发行版，如基于社区开发的debian、archlinux，以及基于商业开发的Red Hat Enterprise Linux、SUSE、Oracle Linux等。

2022年11月20日，Linux提交了最后一批drm-intel-next功能补丁，Linux 6.2迎来对Intel锐炫独显的正式支持。

iOS是由苹果公司开发的移动操作系统。苹果公司最早于2007年1月9日的Macworld大会上公布这个系统，最初是设计给iPhone使用的，后来陆续套用到iPod touch、iPad上。iOS与苹果的Mac OS操作系统一样，属于类UNIX的商业操作系统。原本这个系统名为iPhone OS，因为iPad、iPhone、iPod touch都使用iPhone OS，所以2010年苹果全球开发者大会上宣布将其重命名为iOS。2023年6月，苹果公司于2023苹果全球开发者大会上发布iOS 17，该系统支持Contact Posters通信海报、Live voicemail、Facetime和信息功能更新、短信新增贴纸、Name Drop、精准键入自动校正、全新笔记APP、待机等功能。

安卓（Android）是一种基于Linux内核（不包含GNU组件）的自由及开放源代码的移动操作系统，主要用于移动设备，如智能手机和平板电脑，由美国谷歌（Google）公司和开放手机联盟领导及开发。2011年，Android在全球的市场份额首次超过塞班系统，跃居全球第一。2013年，Android平台手机的全球市场份额已经达到78.1%。2022年5月，Google举办2022 Google I/O全球开发者大会，并正式发布Android 13。

华为鸿蒙系统（HUAWEI HarmonyOS）是华为公司于2019年8月在华为开发者大会（HDC. 2019）上正式发布的操作系统。华为鸿蒙系统是一款全新的面向全场景的分布式操作系统，可以创造一个超级虚拟终端互联的世界，将人、设备、场景有机联系在一起，将消费者在全场景生活中接触的多种智能终端实现极速发现、极速连接、硬件互助、资源共享，用合适的设备提供场景体验。2020年9月，华为鸿蒙系统升级至HarmonyOS 2.0版本。2021年10月，华为宣布搭载鸿蒙系统的设备破1.5亿台。

1.2.4 计算机系统的层次结构

1. 现代计算机的多层次结构

现代计算机系统是由软件和硬件构成的一个十分复杂的系统。为了方便计算机的设计、开发和应用，可以将计算机系统抽象化，在抽象化的基础上划分成多个层次或级别。一个抽象层次对应着一类计算机相关人员所见的计算机特性，它需要下层提供支持，同时为上层提供服务，如图 1-7 所示。

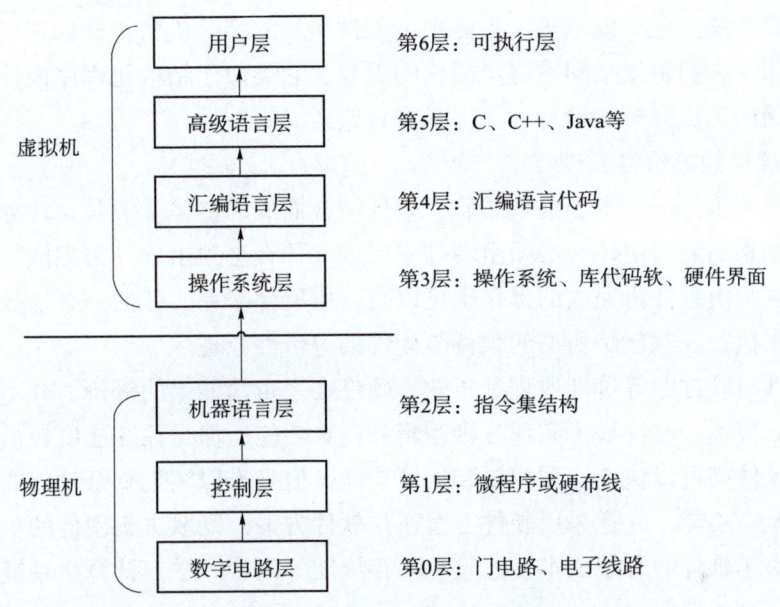

虚拟机：
- 用户层　　　第 6 层：可执行层
- 高级语言层　第 5 层：C、C++、Java 等
- 汇编语言层　第 4 层：汇编语言代码
- 操作系统层　第 3 层：操作系统、库代码软、硬件界面

物理机：
- 机器语言层　第 2 层：指令集结构
- 控制层　　　第 1 层：微程序或硬布线
- 数字电路层　第 0 层：门电路、电子线路

图 1-7　计算机系统的层次结构

第 6 层是用户层，是计算机用户所见的计算机，也是我们最熟悉的计算机。计算机系统呈现给用户的是各种各样的可执行程序和数据文件，如文字处理软件、多媒体播放器及游戏程序等。

第 5 层是高级语言层，面向软件程序员，包括 C、C++、Java、Python、BASIC 等。程序员进行程序设计时，需要操作系统、编译程序等软件的支持，但不用了解太多下层尤其是硬件的情况。

第 4 层是系统程序员所看到的汇编语言层。汇编语言程序员需要使用操作系统提供的指令功能，掌握指令系统，理解主存储器的组织，但不用关心指令功能是如何由底层硬件实现的。

第 3 层是操作系统层。操作系统是最主要的系统程序，所以这一层也称为系统软件层。它不仅以库代码形式向程序员提供功能调用，而且向系统管理员提供各种控制命令，还直接向用户提供各种实用软件。

第 2 层是机器语言层，由处理器可直接识别的指令组成，面向系统结构设计师。该层具有承上启下的功能，典型特征是计算机的指令集结构（Instruction Set Architecture，ISA）。它一方面为上层软件提供硬件指令支持，另一方面是下层硬件实现的目标。

第 1 层是控制层，面向硬件设计师。这一层可以由硬布线（Hardwire）实现，也可以由微程序（Microprogram）实现。硬布线即硬件线路，它使用数字逻辑器件生成控制信号，执行速度较快。微程序用由硬件实现的微指令（微代码，Microcode）编写，方便修改，但相对硬布线的执行速度略慢。控制层也常称为微程序层。

所有数字计算机都建立在由逻辑门电路和电子线路组成的物理器件的基础上，是计算机的具体物理实现，这就是第 0 层，即数字电路层。

不同的人员可以看到不同层面的计算机。通常，将用软件实现的机器称为虚拟机（Virtual Machine），虚拟机指通过软件模拟的、具有完整硬件系统功能的、运行在一个完全隔离环境中的完整计算机系统。定义虚拟机是为区别由硬件实现的实际机器，即物理机。将计算机系统层次化，利用了人们将复杂问题逐步简化的思想，它类似于结构化程序设计中采用的自顶向下、逐步求精的算法分析和设计方法，具有普遍意义。

2. 软件与硬件的等价性原理

现代计算机系统是一个十分复杂的软、硬件结合而成的整体。但是，计算机系统中并没有一条硬性准则来明确指定什么必须由硬件来完成，什么必须由软件来完成。这是因为，原则上来说任何一个由软件所完成的操作也可以直接由硬件来完，任何一条由硬件所执行的指令也能用软件来执行。这就是所谓的软件与硬件的等价性原理。

但是，软件与硬件的等价性原理是指软、硬件在逻辑功能上的等价，并不意味着在现实中性能和成本的等价。软件易于实现各种逻辑和运算功能，但是往往速度较慢，甚至不能满足时间要求。硬件则可以快速实现逻辑和运算功能，但是难以实现复杂功能或计算，甚至无法实现。对于某一功能，究竟采用硬件方案还是软件方案，既取决于硬件的价格、速度、变更周期，也取决于软件的开发成本、速度和生存周期等因素。学习计算机系统结构的知识将帮助我们做出更好的选择。

例如，在早期计算机和低档处理器中，由硬件实现的指令较少，乘法操作由一个子程序（软件）实现。但是，如果用硬件线路直接完成，则速度较快。而由硬件线路直接完成的操作，却可以由控制器中微指令编制的微程序来实现，即把某种功能从硬件转移到微程序上。另外，还可以把许多复杂、常用的程序硬件化，制作成所谓的固件（Firmware）。固件是介于传统的软件和硬件之间的实体，功能上类似于软件，但形态上却是硬件。现在，通常将固件归为硬件。

微程序是计算机硬件和软件相结合的重要形式。从形式上看，用微指令编写的微程序与用机器指令编写的系统程序差不多。微程序深入硬件内部，以实现机器指令操作为目的，控制信息在计算机各部件之间流动。微程序也基于存储程序的原理，存放在控制存储器中，所以它也是借助软件方法实现计算机工作自动化的一种形式。

以上内容充分说明软件和硬件是相辅相成的。一方面，硬件是软件的物质支柱，正是在硬件高度发展的基础上才有了软件的生存空间和活动场所；没有大容量的主存和外存，大型软件将发挥不了效益；而没有软件的"裸机"也毫无用处，相当于没有灵魂的人的躯壳。

另一方面，软件和硬件相互融合、相互渗透、相互促进的趋势越来越明显，硬件软化可以增强系统功能和适应性，而软件硬化则能有效发挥日益降低硬件成本的潜力。

1.3 嵌入式计算机系统的发展

1. 嵌入式技术的发展史

嵌入式计算机系统简称嵌入式系统，它从出现至今已有 40 多年了。进入 20 世纪 90 年代后，以计算机和软件为核心的数字化技术取得了迅猛发展，其不仅广泛渗透到社会经济、军事、交通、通信等相关行业，而且深入到家电、娱乐、艺术、社会文化等各个领域，掀起了一场数字化技术革命。多媒体技术与 Internet 的应用迅速普及，消费电子（Consumptive Electron）、计算机（Computer）、通信（Comunication）的 3C 一体化趋势日趋明显。

嵌入式技术再度成为一个研究热点。纵观嵌入式技术的发展，大致经历了以下 4 个阶段。

第一阶段是以单芯片为核心的可编程控制器形式的系统，该系统同时具有与监测、伺服、指示设备相配合的功能。这种系统大多应用于一些专业性极强的工业控制系统中，一般没有操作系统的支持，通过汇编语言编程来对系统进行直接控制，运行结束后清除内存。这一阶段系统的主要特点是：系统结构和功能都相对单一，处理效率较低，存储容量较小，几乎没有用户接口。虽然这种嵌入式系统使用简便、价格低廉，以前在国内工业领域的应用较为普遍，但是已经远远不能满足高效的、需要大容量存储介质的现代化工业控制和新兴的信息家电等领域的需求。

第二阶段是以嵌入式 CPU 为基础、以简单操作系统为核心的嵌入式系统。这一阶段系统的主要特点是：CPU 种类繁多，通用性比较弱；系统开销小，效率高；操作系统具有一定的兼容性和扩展性；应用软件较专业，用户界面不够友好；系统主要用来控制系统负载及监控应用程序运行。

第三阶段是以嵌入式操作系统为标志的嵌入式系统。这一阶段系统的主要特点是：嵌入式操作系统能运行于各种不同类型的微处理器上，兼容性好；操作系统内核精小、效率高，并且具有高度的模块化和扩展性；具备文件和目录管理、设备支持、多任务、网络支持、图形窗口及用户界面等功能；具有大量的应用程序接口，开发应用程序简单；嵌入式应用软件丰富。

第四阶段是以基于 Internet 为标志的嵌入式系统，这是一个正在迅速发展的阶段。目前大多数嵌入式系统还孤立于 Internet 之外，但随着 Internet 的发展及 Internet 技术与信息家电、工业控制技术等结合日益密切，嵌入式设备与 Internet 的结合将代表嵌入式技术的真正未来。

2. 嵌入式系统的定义

根据电气与电子工程师协会（Institute of Electrical and Electronics Engineers，IEEE）的定义，嵌入式系统是"控制、监视或辅助设备、机器和车间运行的装置"。这主要是从应用上加以定义的，由此可以看出嵌入式系统是软件和硬件的综合体，可以涵盖机械等附属装置。

目前国内对嵌入式系统的一个普遍认同的定义是：以应用为中心，以计算机技术为基础，软、硬件可裁剪，适应应用系统对功能、可靠性、成本、体积、功耗等严格要求的专用计算机系统。"嵌入性""专用性"与"计算机系统"是嵌入式系统的3个基本要素。而嵌入式系统所嵌入的宿主系统被称为对象系统。

一般而言,嵌入式系统的架构可以分成4个部分:处理器、存储器、输入/输出(I/O)和软件。

3. 嵌入式系统的分类

按照上述嵌入式系统的定义,只要是满足该定义中三要素的计算机系统,都可称为嵌入式系统。嵌入式系统按形态可分为设备级(工控机)、板级(单板、模块)、芯片级(MCU、SOC)。

有人把嵌入式处理器当作嵌入式系统,但由于嵌入式系统是一个嵌入式计算机系统,所以只有将嵌入式处理器构成一个计算机系统,并作为嵌入式应用时,这样的计算机系统才可称作嵌入式系统。

嵌入式系统与对象系统密切相关,其主要技术发展方向是满足嵌入式应用要求,不断扩展对象系统要求的外围电路(如ADC、DAC、PWM、日历时钟、电源监测、程序运行监测电路等),形成满足对象系统要求的应用系统。因此,嵌入式系统作为一个专用计算机系统,要不断向计算机应用系统发展。可以把定义中的专用计算机系统引申成满足对象系统要求的计算机应用系统。

4. 嵌入式系统的典型应用

嵌入式系统的应用十分广泛,涉及工业生产、日常生活、工业控制、航空航天等多个领域,而且随着电子技术和计算机软件技术的发展,嵌入式系统不仅在这些领域中的应用越来越深入,而且在其他传统的非信息类设备中也逐渐显现出其用武之地。嵌入式系统的典型应用有以下几个。

1)工业控制

基于嵌入式微处理器的工业自动化设备将获得长足的发展,已经有大量的8位、16位、32位嵌入式微处理器在应用中。网络化是提高生产效率和产品质量、减少人力资源的主要途径,如工业过程控制、数字机床、电力系统、电网安全、电网设备监测、石油化工系统。就传统的工业控制产品而言,低端产品往往采用的是8位的处理器。随着计算机技术的发展,32位、64位的处理器已逐渐成为工业控制设备的核心。

2)交通管理

在车辆导航、流量控制、信息监测与汽车服务方面,嵌入式技术已经获得了广泛的应用,内嵌GPS模块、GSM模块的移动定位终端已经在运输行业获得了成功。GPS设备已经从尖端的科技产品进入了普通百姓的家庭。

3)信息家电

家电将成为嵌入式系统最大的应用领域,冰箱、空调等的网络化、智能化将让人们的生活步入一个崭新的空间。人们即使不在家,也可以通过电话、网络对家电进行远程控制。在这些设备中,嵌入式系统将大有用武之地。

4)家庭智能系统

水表、电表、煤气表的远程自动抄表系统,安全防火、防盗系统,嵌有专用控制芯片,这种专用控制芯片将代替传统的人工操作完成检查功能,并实现更高、更准确和更安全的性能。在服务领域,如远程点菜器等已经体现了嵌入式系统的优势。

5）POS 网络及电子商务

公共交通非接触式智能卡（Contactless Smart Card，CSC）发行系统、公共电话卡发行系统、自动售货机等智能 ATM 终端已全面走进人们的生活，在不远的将来人们手持一张卡就可以行遍天下。

6）环境工程与自然

在很多环境恶劣、地况复杂的地区需要进行水文资料实时监测、防洪体系及水土质量监测、堤坝安全与地震监测、实时气象信息和空气污染监测等时，嵌入式系统将实现无人监测。

7）机器人

嵌入式系统的发展将使机器人在微型化、高智能方面的优势更加明显，同时会大幅降低机器人的价格，使其在工业领域和服务领域获得更广泛的应用。

1.4 ARM 微处理器简介

1.4.1 ARM 微处理器的发展

ARM（Advanced RISC Machines）既可以认为是一个公司的名称，也可以认为是对一类微处理器的统称，还可以认为是一种技术的名称。ARM 微处理器是 Acorn 计算机公司面向低预算市场所设计的第一款 RISC 微处理器，更早时期被称作 Acorn RISC Machine。ARM 微处理器是按 32 位数据线设计的，但也配备 16 位指令集，广泛使用在许多嵌入式系统设计中。

ARM 公司于 1990 年成立，最初的名称是 Advanced RISC Machines Ltd，由 3 家公司合资建立，分别是苹果公司、Acorn 公司及 VLSI 技术公司。1991 年，ARM 公司推出了 ARM6 处理器家族，VLSI 则是第一个使用 ARM6 处理器的公司。后来，陆续有其他处理器芯片生产厂商，包括 TI、NEC、Sharp、ST 等，都获取了 ARM 授权，真正把 ARM 微处理器的使用大面积地推广，使 ARM 微处理器在手机、硬盘控制器、PDA、家庭娱乐系统及其他消费电子中被大量使用。

现在，ARM 微处理器的出货量逐年上涨。不同于很多其他的半导体公司，ARM 公司从不制造和销售具体的处理器，而是把处理器的设计授权给相关的商务合作伙伴，让这些公司依据自己的先进技术设计出具体的处理器，这些合作伙伴都是影响力极大的半导体公司。基于 ARM 公司低成本和高效率的处理器设计方案，得到授权的厂商生产了多种多样的处理器、微控制器及片上系统（System on Chip，SoC），这种商业模式就是所谓的"知识产权（IP）授权"。

除了设计处理器，ARM 公司也设计系统级 IP 和软件 IP。为了支持合作伙伴，ARM 公司开发了许多配套基础开发工具、硬件及软件产品。使用这些工具，芯片制造商可以更加方便地开发自己的产品。譬如 Cortex-M3 微处理器内核是单片机的 CPU，完整的基于 Cortex-M3 的微控制单元（Micro Controller Unit，MCU）还需要很多其他组件。芯片制造商得到 Cortex-M3 微控制器内核的使用授权后，就可以把 Cortex-M3 微处理器内核用在自己的硅片设计中，从而添加存储器、外设、I/O 及其他功能块。不同厂家设计出的单片机会有不同的配置，包括存储器容量、类型、外设等都各具特色。

ARM 微处理器的特点有：

(1) 体积小、低功耗、低成本、高性能；
(2) 支持 Thumb（16 位）/ARM（32 位）双指令集，能很好地兼容 8 位/16 位器件；
(3) 大量使用寄存器，指令执行速度更快；
(4) 大多数数据操作都在寄存器中完成；
(5) 寻址方式灵活简单，执行效率高；
(6) 指令长度固定。

体系结构定义了指令集和基于这一体系结构下处理器的编程模型。基于同样的体系结构可以有多种处理器，每种处理器的性能不同，所面向的应用也不同，但每个处理器的实现都要遵循这一体系结构。ARM 体系结构为嵌入式系统发展提供很高的系统性能，同时保持优异的功耗和面积效率。

ARM 公司不断开发新的处理器内核和系统功能模块。其功能的不断改进及处理水平的持续提高，造就了一系列 ARM 架构。需要说明的是，架构版本中的数字和名称中的数字并不是同一种意义。例如，ARM7TDMI 处理器是基于 ARMv4T 架构的（T 表示支持 Thumb 指令）；ARM9E 处理器则采用 ARMv5TE 架构，并添加了服务于多媒体应用增强的 DSP 指令。后来又推出了基于 ARMv6 架构的 ARM11 处理器。基于 ARMv6 架构的处理器还有 ARM1136J（F）-S、ARM1156T2（F）-S 及 ARM1176JZ（F）-S。ARMv6 是 ARM 发展史上的一个重要里程碑，其引进了许多突破性的新技术，存储器系统也加入了很多新的特性，开始引入单指令流多数据流（Single Instruction Multiple Data，SIMD）指令。而其中最突出的新技术是经过优化的 Thumb-2 指令集，它是专为低成本的单片机及汽车组件市场开发的。

基于 ARMv6 的新设计理念，ARM 公司进一步扩展了 CPU 设计，推出了 ARMv7 架构。在这个版本中，内核架构首次从单一款式变成 3 种款式：Cortex-A 用于高性能的"开放应用平台"，越来越接近于通用计算机；Cortex-R 用于高端的嵌入式系统，尤其是对实时要求较高的系统；Cortex-M 用于深度嵌入的、单片机风格的系统中。

Cortex 系列内核是基于 ARMv7 架构的，其中 Cortex-M3 就是按款式 M 设计的。其他 Cortex 家族的处理器包括款式 A 的 Cortex-A8（应用处理器）及款式 R 的 Cortex-R4（实时处理器）。图 1-8 所示是 ARM 微处理器架构的历史进程。表 1-1 给出了相应 ARM 微处理器的名称及特性。

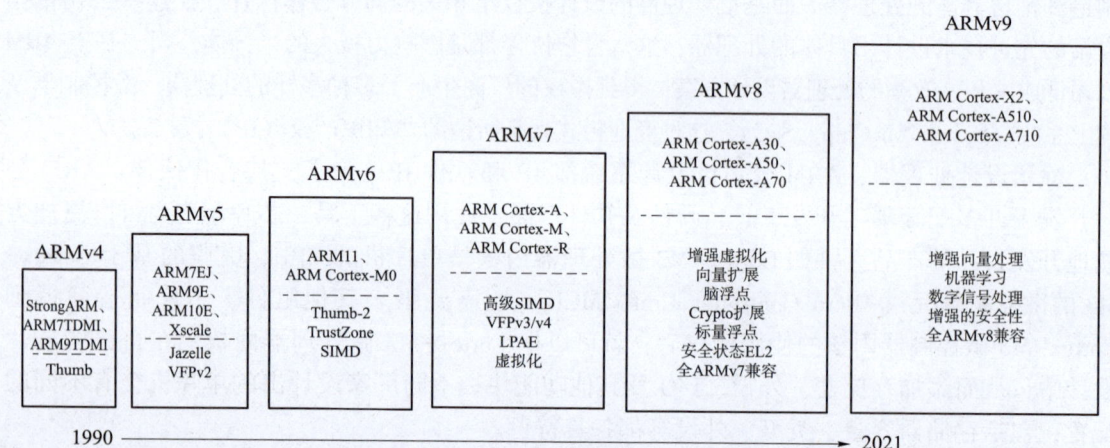

图 1-8 ARM 微处理器架构的历史进程

表 1-1 ARM 微处理器的名称及特性

处理器	架构版本号	存储器管理特性	其他特性
ARM7TDMI	v4T		
ARM7TDMI-S	v4T		
ARM7EJ-S	v5E		DSP，Jazelle
ARM920T	v4T	MMU	
ARM922T	v4T	MMU	
ARM926EJ-S	v5E	MMU	DSP，Jazelle
ARM946E-S	v5E	MPU	DSP
ARM966E-S	v5E		DSP
ARM968E-S	v5E		DMA，DSP
ARM966HS	v5E	MPU（可选）	DSP
ARM1020E	v5E	MMU	DSP
ARM1022E	v5E	MMU	DSP
ARM1026EJ-S	v5E	MMU 或 MPU	DSP，Jazelle
ARM1136J（F）V-S	v6	MMU	DSP，Jazelle
ARM1176JZ（F）-S	v6	MMU+TrustZone	DSP，Jazelle
ARM11MPCore	v6	MMU+多处理器缓存支持	DSP
ARM1156T2（F）-S	v6	MPU	DSP
Cortex-M3	v7-M	MPU（可选）	NVIC
Cortex-R4	v7-R	MPU	DSP
Cortex-R4F	v7-R	MPU	DSP+浮点运算
Cortex-A8	v7-A	MMU+TrustZone	DSP，Jazelle
Cortex-A57	v8-A	L2 高速缓存	NEON（advanced SIMD）双精度浮点 AArch64 和 AArch32
Cortex-A710	v9	L3 高速缓存 优化数据预取	SVE2（Scalable Vector Extension 2）扩展指令集

1.4.2 Cortex-M 系列微处理器简介

Cortex-M3 是 32 位 ARM 微处理器的一种内核型号，基于 ARMv7 架构，采用高性能哈佛结构和流水线技术，引入 Thumb-2 技术使 Thumb 指令集架构更高效、功能更强大。Thumb-2 指令集可同时支持 16 位和 32 位指令，使处理器不需要进行 ARM 状态（32 位指令集）和 Thumb 状态（16 位指令集）之间的切换。其主要特性如下：

(1) 采用哈佛处理器架构；
(2) 采用 Thumb-2 技术和指令集架构；

(3) 采用三级流水线和分支预测技术；
(4) 能实现 32 位单周期乘法；
(5) 能实现 2~12 周期硬件除法；
(6) 具有 Thumb 状态和调试状态；
(7) 具有处理器模式和线程模式；
(8) 可实现 ISR 的低延迟进入和退出；
(9) 具有可中断—继续的 LDM/STM、PUSH/POP 指令；
(10) 具有 ARMv6 类型 BE8/LE（字节不变大端/小端）的支持；
(11) 可实现 ARMv6 非对齐访问。

ARM 指令集为 32 位指令集，可以实现 ARM 架构下的所有功能。16 位的 Thumb 指令集是对 32 位 ARM 指令集的扩充，它的目标是实现更高的代码密度。Thumb-2 技术是对 ARM 架构非常重要的扩展，它可以改善 Thumb 指令集的性能。Thumb-2 指令集在现有的 Thumb 指令的基础上做了以下扩充：增加了一些新的 16 位 Thumb 指令来改进程序的执行流程；增加了一些新的 32 位 Thumb 指令，以实现一些 ARM 指令的专有功能。32 位的 ARM 指令也得到了扩充，增加了一些新的指令来改善代码性能和数据处理的效率。给 Thumb 指令集增加 32 位指令就解决了之前 Thumb 指令集不能访问协处理器、特权指令和特殊功能指令的问题。这样就不需要在 ARM/Thumb 状态之间反复切换了，代码密度和性能得到了显著的提高。

在 Thumb-2 技术出现之前，人们会因为如何选择使用 ARM/Thumb 指令集而感到困惑。如今只需要使用一套唯一的指令集，不再需要在 ARM/Thumb 两套指令集之间反复切换了。因此，Thumb-2 技术可以极大简化开发流程。

第 2 章

Cortex-M3 微处理器架构

2.1 计算机体系结构

2.1.1 冯·诺依曼结构和哈佛结构

1. 冯·诺依曼结构

1946 年 2 月，宾夕法尼亚大学莫尔学院的物理学博士莫克利（Mauchley）和电气工程师埃克特（Eckert）领导的小组，成功研制出世界上第一台数字式电子计算机电子数字积分器和计算器（Electronic Numerical Integrator And Calculator，ENIAC）。1944 年，美籍匈牙利著名数学家冯·诺依曼获知 ENIAC 的研制后，参加了为改进 ENIAC 而举行的一系列专家会议，研究出了新型的计算机体系结构。在由冯·诺依曼执笔的报告里，提出了采用二进制表示信息和存储程序（Stored Program），并在程序控制下自动执行的设计思想。

按照这一计算机的设计思想，新机器将由运算器、控制器、存储器、输入设备和输出设备五大部件构成。报告还描述了各部件的功能和相互间的联系。1949 年，英国剑桥大学的威尔克斯等人在电子延迟存储自动计算器（Electronic Delay Storage Automatic Calculator，EDSAC）上实现了这种结构。直到半个多世纪后的今天，冯·诺依曼结构依然是绝大多数数字计算机的基础。

冯·诺依曼计算机的典型特征如下。

1）五大组成部件

冯·诺依曼计算机由五大部件组成：控制器、运算器、存储器、输入设备和输出设备。

控制器是整个计算机的控制核心；运算器是对信息进行各类运算处理的加工中心；存储器用来存放数据和程序；输入设备将数据和程序转换成计算机所能识别和接收的信息形式，并顺序地把它们送入存储器；输出设备将计算机处理的结果以人或其他机器能够识别或接收的形式送出。

最原始的冯·诺依曼计算机在结构上是以运算器为中心的，逐步演变到现在，已经转向以存储器为中心，如图2-1所示。计算机各部件之间的联系是通过两种信息流实现的。实线代表数据流，虚线代表控制流。数据由输入设备输入，存入存储器；在运算过程中，数据从存储器中被读出，送到运算器中进行处理；处理的结果存入存储器，或者经输出设备输出。而这一切都是由控制器执行存储于存储器中的指令实现的。

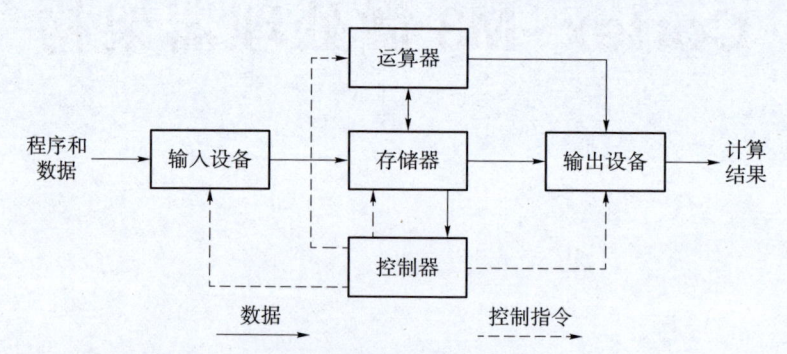

图2-1 基于冯·诺依曼结构的计算机的组成

现代计算机在很多方面都对冯·诺依曼计算机结构进行了改进。例如，在现代计算机中，五大部件成为3个硬件子系统：处理器、存储系统和输入/输出系统，如图2-2所示。处理器（中央处理单元，CPU）包括运算器和控制器，是信息处理的中心部件。存储系统由寄存器、高速缓冲存储器、主存和外存几个层次的存储器共同组成。处理器和存储系统在信息处理中起主要作用，是计算机硬件的主体部分，通常被合称为主机。输入设备和输出设备统称为外部设备，简称为外设或I/O设备。输入/输出子系统的主体是外设，此外还包括外设与主机之间相互连接的I/O接口电路。

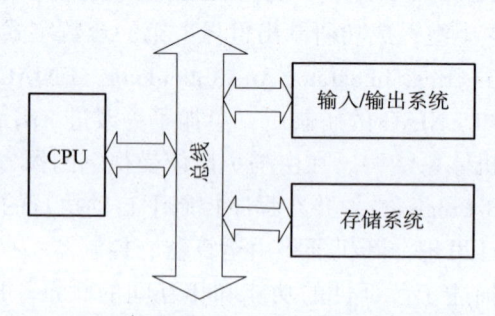

图2-2 基于总线的冯·诺依曼结构模型机

2）二进制编码

冯·诺依曼计算机采用二进制形式表示数据（Data）和指令（Instruction）。这说明现实中的一切数据（信息），包括控制计算机操作的指令，在计算机中都是一串"0"和"1"表示的数码。这串数码是按照一定规律（即二进制编码规则）组合起来的。不同的信息用不同的数码表示，以便计算机进行不同的处理。当然，同样的信息也可以按照不同的编码规则表示成不同的数码。

指令是控制计算机操作的基本命令，通常表示为机器语言。机器语言是处理器不需要翻译就能识别（直接执行）的"母语"。程序虽然可以用 C、C++ 或 Java 等高级语言编写，但需要先由编译程序或解释程序翻译成指令后，才可以由处理器执行，所以程序是由指令构成的。

指令的二进制编码规则形成了指令的代码格式，指令由操作码和地址码组成。指令的操作码（Opcode）表明指令的操作，例如，数据传输、加法运算等基本操作。操作数（Operand）是参与操作的数据对象，主要以寄存器或存储器地址的形式指明数据的来源，所以也称为地址码。例如，数据传送指令的源地址和目的地址，加法指令的加数、被加数及和值，它们都是操作数。

二进制只支持"0"和"1"两个数码，可以表示电源的关（Off）和开（On）两种状态，对应数字信号的低电平（Low）和高电平（High）。数字计算机中信息的最基本单位就是二进制位。

3）存储程序和程序控制

存储程序是把程序输入并存储到计算机的主存储器中。这些程序是按照一定规则组成的二进制代码。程序控制是指当计算机启动后，程序会控制计算机按规定的顺序逐条执行指令，自动完成预定的信息处理任务。因此，程序和数据在执行前需要存放在主存储器中，只有在执行时才从主存储器进入处理器。

主存储器是一个很大的信息存储库，被划分成许多个存储单元。为了区分和识别各个存储单元，并按指定位置进行存取，给每个存储单元编排一个唯一的编号，这些编号称为存储单元地址（Memory Address）。在现代计算机中，主存储器是字节可寻址的（Byte Addressable），即主存储器的每个存储单元具有一个地址，用来保存一个字节（8个二进制位）的信息。对存储器的基本操作是按照要求向指定地址（位置）存进（即写入，Write）或取出（即读出，Read）信息。只要指定位置就可以进行存取的方式，称为随机存取，它是指当存储器中的消息被读取或写入时，所需要的时间与这段信息所在的位置无关，也称直接访问。

处理器的主要功能是从主存储器中读取指令（简称"取指"），翻译指令代码（简称"译码"），然后执行指令所规定的操作（简称"执行"）。当一条指令执行完以后，处理器会自动读取下一条将要执行的指令，重复上述过程直到整个程序执行完毕。处理器就是在重复地进行"取指→译码→执行"的过程中完成一条又一条指令的执行，实现程序规定的任务。

处理器中包含一个程序计数器（Program Counter，PC），处理器利用它来确定下一条将要执行的指令在主存储器中的存放地址。程序计数器具有自动增加数量（增量）的能力，用来指示处理器按照地址顺序执行指令，即程序的顺序执行。而指令集中的转移指令能够改变程序计数器内的数值，从而改变程序的执行顺序，实现分支、循环、调用等程序结构。

总体而言，冯·诺依曼计算机具有以下3个主要特征。

（1）计算机以存储器为中心，由运算器、存储器、控制器、输入设备和输出设备五大部分组成。运算器是数据处理中心，存储器用来存放各种信息，控制器对程序代码进行解释并产生各种控制信号来协调各部件工作，输入设备和输出设备主要用来进行人机交互。

（2）数据和程序均以二进制代码形式不加区别地存放在同一个存储器中，这就是"存储程序"和"程序控制"（简称"存储程序控制"）的概念。数据和程序的存放位置由地址码指定，地址码也为二进制形式。

(3) 计算机按存储程序原理工作。指令的执行是按顺序进行的，即一般按照指令在存储器中存放的顺序执行，程序分支由转移指令实现。

按"程序存储"原理工作的计算机的基本特点是指令驱动（或控制驱动）。控制器是根据存放在存储器中的指令序列（即程序）来工作的，在不需要人工干预的情况下由程序计数器控制指令的执行。控制器具有判断能力，能根据当前的运算结果选择不同的指令序列继续执行。

另外，程序的局部性原理是指程序在执行时呈现出局部性规律，即在一段时间内，整个程序的执行仅限于程序中的某一部分。相应地，执行时所访问的存储空间也局限于某个内存区域。局部性原理又表现为时间局部性和空间局部性。时间局部性是指如果程序中的某条指令一旦被执行，则不久之后该指令可能再次被执行；如果某数据被访问，则不久之后该数据可能再次被访问。空间局部性是指一旦程序访问了某个存储单元，则不久之后，其附近的存储单元也将被访问。

2. 哈佛结构

哈佛（Harvard）结构是冯·诺依曼结构的一种总线改进结构，它从存储器分离的角度突破了冯·诺依曼计算机存储器串行读/写速率低下的瓶颈，是适用于数字信号处理器的一种计算机体系结构，该结构可以提供较大的存储器带宽，哈佛结构和冯·诺依曼结构的对比如图2-3所示。当然，程序存储器与数据存储器的并行读/写需求要求CPU提供两套独立的地址总线和数据总线。

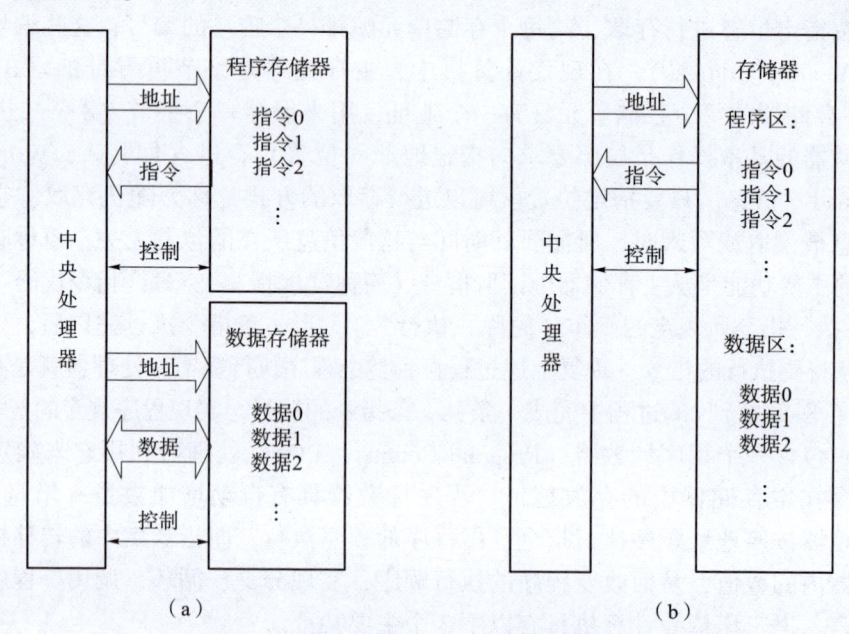

图 2-3 哈佛结构与冯·诺依曼结构的对比
(a) 哈佛结构；(b) 冯·诺依曼结构

冯·诺依曼计算机由CPU和存储器组成，其程序和数据共用一个存储空间，程序存储器和数据存储器指向同一个存储器的不同物理位置；采用单一的地址总线及数据总线，程序指令和数据的宽度相同。

哈佛结构的计算机的主要特点是将程序和数据存储在不同的存储器中，即程序存储器和数据存储器是两个独立的存储器，每个存储器独立编址、独立访问。系统中有程序的数据总线和地址总线，也有数据的数据总线和地址总线。这种分离程序总线和数据总线的方法可允许计算机在一个机器周期内同时获取命令字和操作数，从而提高执行速度和数据的吞吐率。又由于程序存储器和数据存储器在两个分开的物理空间中，所以取指令和执行指令能完全在时间上重叠，具有较高的执行效率。

2.1.2 流水线技术

程序的执行是一个周而复始的过程。在早期的冯·诺依曼计算机中，指令一般按存储顺序依次执行。每条指令的操作过程可归并为取指令、译码指令和执行指令3个步骤，这3个步骤也是顺序串行进行的。也就是说，指令的执行是一条指令接着下一条指令的串行执行过程，取指令、译码指令和执行指令是顺序进行的，如图2-4所示。顺序执行的优点是控制简单；缺点是上一步操作未完成，下一步操作便不能开始，效率较低。例如，CPU从存储器中取指令或操作数时，存储器忙而运算器空闲；CPU执行运算时，运算器忙而存储器空闲。随着集成电路技术的不断进步，单一芯片上可集成的晶体管数量的增加，允许微处理器结构拥有更多的硬件资源来实现高性能的处理器。

| 取指令1 | 译码指令1 | 执行指令1 | 取指令2 | 译码指令2 | 执行指令2 |

时间

图2-4 指令的串行执行

若每条指令都如图2-4那样串行执行，则取指令部件、译码部件和执行部件中总有两个是处于空闲状态的。如果可以使上述各个部件同时工作，则它们的利用率将大大提高，指令的执行过程也会大大加速。

指令流水就是针对这种需要而提出的。指令流水类似于工厂的装配线。一件产品有若干个部件，不同的部件在装配线上的不同阶段被同时装配，不同部件的装配在时间上具有重叠性。同样地，完整执行一条指令可分为多个阶段，由不同的部件来同时完成指令执行的不同阶段，执行效率将大大提高。

流水线（Pipelining）是能够重叠执行若干条指令的方法，可以用来减少一组指令的执行时间。流水线中各指令的执行时间与非流水线中各指令的执行时间是相同的。实际上，由于采用流水线方法时需在处理器中添加相关硬件，所以每条指令的执行时间可能会更长，但通过重叠执行指令就可以提高程序的执行速率。

精简指令集计算机（Reduced Instruction Set Computer，RISC）为微处理器的指令流水线的执行提供了先决条件。流水线技术应用于计算机体系结构的各个方面，流水线结构的种类众多。指令流水线就是将一条指令分解成一连串执行的子过程，其基本思想是将一个重复的时序分解成若干个子过程，而每一个子过程都可以有效地在其专用功能段上与其他子过程同时执行。

流水线中的每个子过程及其功能部件称为流水线的级（段），级（段）数也称为流水线的深度（Pipeline Depth）。例如，把指令的执行过程细分为取指令、译码指令和执行指令3个子过程，每个子过程的执行时间几乎相同，称为指令的三级流水。图 2-5 所示是指令的三级流水示意，从取指令 3 起称为流水线满载，三级流水线处于满载状态的过程中，保持着有 3 条指令正在执行。

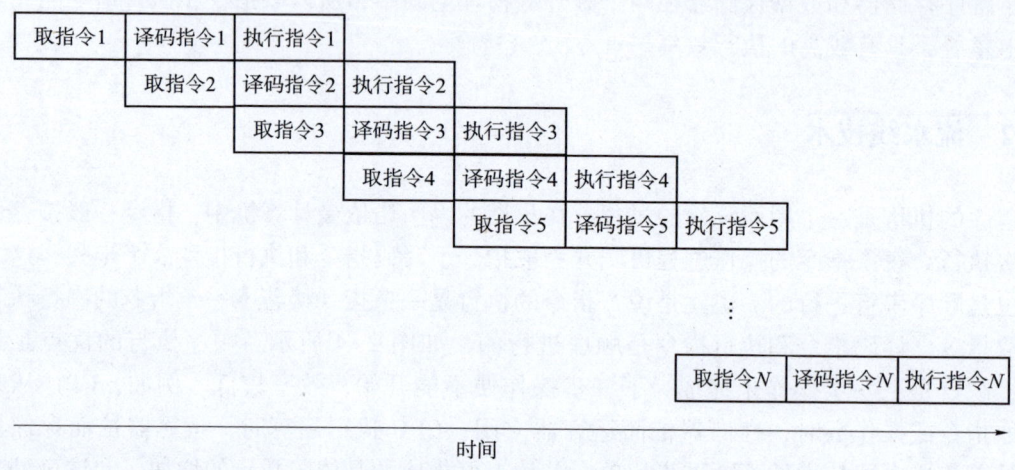

取指令1	译码指令1	执行指令1				
	取指令2	译码指令2	执行指令2			
		取指令3	译码指令3	执行指令3		
			取指令4	译码指令4	执行指令4	
				取指令5	译码指令5	执行指令5

⋮

| 取指令N | 译码指令N | 执行指令N |

→ 时间

图 2-5 指令的三级流水示意

如果把指令的执行过程细分为取指令、译码、执行存结果 4 个子过程，每个子过程的执行时间几乎相同，则称为指令的四级流水。把流水线技术运用于指令的解释执行过程就形成了指令流水线。图 2-6 所示为一张四级指令流水线的时空图，图中横坐标代表时间的推移，纵坐标代表空间（独立的功能部件）的数量，方框中的数字代表指令（如 "1" 代表第一条指令）。

读入 → 取指令 → 译码 → 执行 → 存结果 → 写出

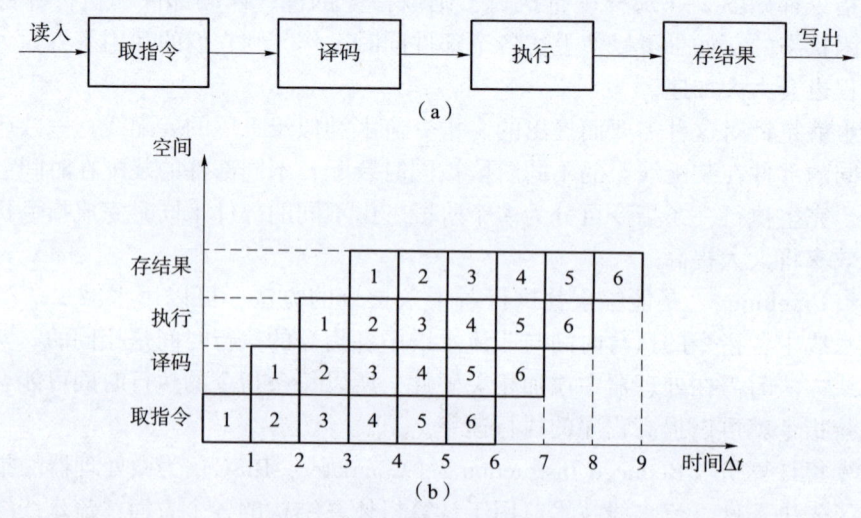

(a)

空间
存结果			1	2	3	4	5	6
执行		1	2	3	4	5	6	
译码	1	2	3	4	5	6		
取指令	1	2	3	4	5	6		
          1   2   3   4   5   6   7   8   9 时间Δt

(b)

图 2-6 四级指令流水线的时空图

（a）指令流水线分段（四级指令流水线）；（b）四级指令流水线的时空图

2.1.3 复杂指令集和精简指令集

复杂指令集计算机（Complex Instruction Set Computer，CISC）与精简指令集计算机（Reduced Instruction Set Computer，RISC）是按照指令的执行方式和指令集的复杂程度来划分的两种计算机结构。由于处理器是计算机的核心，所以通常情况下，CISC 与 RISC 两种结构的区别主要体现在处理器上。

CPU 的指令集结构（Instruction Set Architecture，ISA）是计算机体系结构的主要内容之一，其功能设计实际上就是确定软、硬件的功能分配，即确定哪些基本功能由硬件实现，哪些基本功能由软件实现。这里主要考虑的因素有 3 个：速度、成本和灵活性。一般来说，用硬件实现的特点是速度快、成本高、灵活性差，而用软件实现的特点则相反，因此，对出现频率高的基本功能应首选用硬件实现。指令集的不同反映了设计原理、制造技术和系统类别的差别，由此也决定了 CPU 的成本和速度。

最初的计算机指令系统比较简单。随着半导体技术和微电子技术的发展，硬件成本降低，越来越多的高级复杂指令被添加到指令系统中。但由于当时的存储器的速度慢、容量小，因此，为减少对存储器的存取操作，降低软件开发难度，设计人员将复杂指令功能通过微程序实现，再将微程序固化或硬化后交由硬件实现，这就是 CISC 系统的设计思路。

由于计算机设计师们不断地把新功能，如新的寻址模式和指令类型等添加到计算机系统中，而这些新功能又常常需要通过新的指令来使用，所以计算机的指令集越来越复杂。到了 20 世纪 70 年代后期，日趋庞杂的指令集变得无法适应优化编译和超大规模集成电路（Very-Large Scale Integration，VLSI）技术的发展，同时存储器的成本却在不断降低。美国加州大学伯克利分校的研究结果表明，在 CISC 的各种指令中，只有 20%的简单指令使用频率较高（占运行时间的 80%），而其余 80%的复杂指令只在 20%的运行时间内才会用到，多达 200~300 条甚至更多的、功能多样的指令不仅不易实现，而且可能降低系统性能和效率，这样的计算机有如下缺陷：

（1）许多复杂指令操作繁杂，执行速度慢，导致整个程序的执行效率降低；

（2）众多具有不定长格式和复杂数据类型的指令译码导致控制器硬件变得非常复杂，不但占用大量芯片面积，而且容易出错，给 VLSI 的设计造成很大困难；

（3）指令执行的规整性不好，不利于采用流水线技术提高计算机性能。

实际上，一般来说利用包括对简单数据进行传输和运算及转移控制操作在内的十余条指令就可以实现现代计算机执行的所有处理操作，更复杂的功能可以由这些简单指令组合完成。因此，随着存储器价格的下降和 CPU 制造技术的提高，RISC 结构开始被人们广泛采用。RISC 结构优先选取使用频率最高的简单指令，避免复杂指令的使用；将指令长度固定，指令格式和寻址方式种类减少；以控制逻辑为主，不用或少用微码控制等。RISC 的出现简化了指令系统，克服了 CISC 的缺点，使更多的芯片面积可以用于实现流水和高速缓存，有效提高了计算机的性能。但也正因为指令简单，RISC 的性能就更依赖编译程序的有效性，如果没有一个很好的编译程序，那么 RISC 结构的潜在优势就无法发挥。

1986年起，计算机工业界开始发布基于RISC技术的微处理器，加州大学伯克利分校的RISC Ⅱ后来发展为Sun公司的SPARC系列微处理器，斯坦福大学的MIPS发展为MIPSR系列微处理器，IBM公司则是在801的基础上推出了INMRT-PC及后来的RS6000。

RISC思想与技术已成为现代计算机设计的基础技术之一，然而CISC技术却也并没有马上退出历史舞台。这是因为由于历史原因，RISC产品的种类还远不及CISC产品的种类丰富，各计算机厂商为了保持向后兼容，不会完全放弃CISC技术。并且，RISC技术和CISC技术是改善计算机性能的两种不同方式，各有其优缺点、CISC的复杂性在于硬件，即CPU中控制器部分的设计实现；而RISC的复杂性在于软件，即编译程序的编写和优化。

支持更少的操作数类型，以及只支持固定的指令代码长度，使RISC CPU的硬件设计变得较为简单，但用户程序却变得越来越复杂。摩尔定律的不断推进意味着如今人们在选择RISC结构或CISC结构时又需要考虑新的因素。虽然拥有足够的存储空间已经不成问题，但是处理器与存储器之间越来越大的速度差距意味着存储器速度将成为计算机性能的瓶颈。使用CISC结构开发的用户程序较小，可以更有效地减小获取程序指令所需的存储器带宽，更好地利用指令缓存，从而提高系统性能。

Intel的X86系列处理器和摩托罗拉（Motorola）的68K系列处理器是比较典型的CISC结构的处理器。CISC结构的处理器的主要特点是指令集庞大，指令的长度（字节数）不相同，指令译码步骤也比较复杂。由于指令多而复杂，所以处理器相应的硬件电路也就比较复杂。同时，随着同一系列处理器的发展还要不断引入新的更复杂的指令，所以处理器的结构更加复杂。CISC结构的处理器的设计出发点主要有：对高级语言编程的支持；功能实现由软件向硬件迁移；兼容性需求。

RISC结构正是在对CISC结构的质疑中被提出的（其实，CISC一词是在RISC被提出后，为了区别新、旧两种结构才被引入的）。RISC结构并非只是简单地去减少指令，而是把着眼点放在了如何使计算机的结构更加简单合理上，并在简单合理结构的基础上提高处理器的运算速度。RISC结构优先选取使用频率最高的简单指令，避免复杂指令；将指令长度固定，指令格式和寻址方种类减少；CPU的控制功能主要通过硬件逻辑电路来实现，而不是通过软件的微程序控制方式来实现，可以更快地实现控制功能。

到目前为止，RISC结构还没有非常严格的定义，一般认为，RISC结构应具有以下优点：

（1）采用固定长度的指令格式，指令归整、简单，指令的基本寻址方式限制为2~3种；
（2）使用单周期指令，便于流水线操作执行；
（3）大量使用寄存器，数据处理指令只对寄存器进行操作，只有加载/存储指令可以访问存储器，以提高指令的执行效率。

与CISC结构相比，尽管RISC结构具有上述优点，但绝不能认为RISC结构可以完全取代CISC结构。RISC结构的缺点也直接来源于它的优点，因为指令简单，所以RISC结构的性能就依赖编译器的有效性；因为有大量的寄存器，所以寄存器的分配策略也就变得更复杂。

事实上，RISC结构和CISC结构各有优势，而且界限也并不那么明显（其实Intel的

X86 系列处理器从 i586 开始就引入了一些 RISC 结构设计理念）。现代的处理器往往采用 CISC 结构的外围，内部加入了 RISC 结构的特性，例如超长指令集处理器就是融合了 RISC 结构和 CISC 结构的优势，这成为 CPU 的发展方向之一。

2.2 Cortex-M3 微处理器

2.2.1 Cortex-M3 微处理器内核体系结构

Cortex-M3 是一种 32 位 ARM 微处理器的内核，这种内核中将数据通路设计为 32 位的数据宽度。Cortex-M3 微处理器具有一组 32 位的寄存器及 32 位的存储器接口；指令是三级流水线执行，且具有高速嵌入式中断控制器。该处理器具有哈佛结构，这也就意味着它具有独立的指令总线和数据总线，这样指令和数据访问可以同时进行。由于指令存储器和其他数据存储器采用不同的总线（ICode 和 DCode 总线），所以 Cortex-M3 可以并行地取得指令和数据。因此，数据访问不会影响指令流水线，处理器的性能也就得以提升，这个特性使 Cortex-M3 上具有多个总线接口，每个总线接口都具有优化的用法，并且它们可以同时使用。指令总线和数据总线共用一个的存储器寻址空间（4 GB 的存储器空间，即存储器和 I/O 端口统一编址，I/O 寻址采用存储器映像的方式）。

对于需要更多存储系统特性的复杂应用，Cortex-M3 微处理器具有一个可选的存储器保护单元（Memory Protection Unit，MPU），并且有需要的话，还可以使用一个外部缓存。Cortex-M3 微处理器支持小端和大端两种格式。其包含多个固定的内部调试部件，这些部件提供了对调试操作的支持，如断点和监视点等。

Cortex-M3 微处理器的结构如图 2-7 所示，其中虚线框内的部分是 Cortex-M3 内核的模块图，各个部分的解释和功能如下。

（1）嵌套向量中断控制器（Nested Vectored Interrupt Controller，NVIC）：负责中断控制。该控制器和内核是紧耦合的，提供可屏蔽、可嵌套、动态优先级的中断管理。

（2）Cortex-M3 微处理器核（Cortex-M3 Processor Core）：Cortex-M3 微处理器核是处理器的核心所在。

（3）存储器保护单元（Memory Protection Unit，MPU）：存储器保护单元的主要作用是对存储器实施保护，它能够在系统或程序出现异常而非正常访问不应该访问的存储空间时，通过触发异常中断而达到提高系统可靠性的目的。

（4）跟踪接口：调试中用于观察数据。

（5）总线互联网络：Cortex-M3 总线矩阵（Bus Matrix），CPU 内部的总线通过总线矩阵连接到外部的 ICode、DCode 及系统总线。

（6）嵌入式跟踪宏单元（Embedded Trace Macrocell，ETM）：调试中用于处理指令跟踪。

（7）调试接口：跟踪端口的接口单元，用于向外部跟踪捕获硬件发送调试信息的接口单元，作为来自指令跟踪宏单元（Instrumentation Trace Macrocell，ITM）和 ETM 的 Cortex-

M3 内核跟踪数据与片外跟踪端口之间的连接。

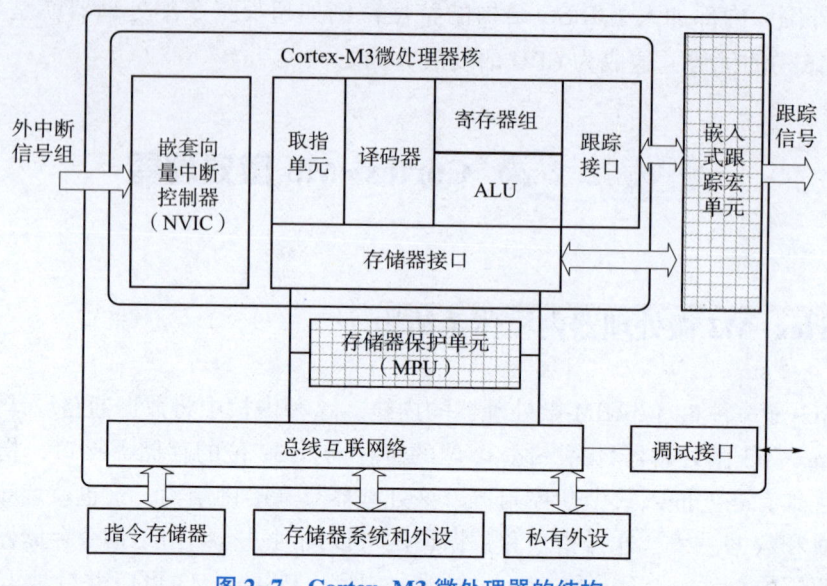

图 2-7 Cortex-M3 微处理器的结构

可见，Cortex-M3 内核的特点如下：
（1）使用哈佛结构；
（2）拥有分支预测功能的三级流水线；
（3）同时支持 Thumb-2 指令集和传统的 Thumb 指令集；
（4）带有硬件除法和单周期乘法的 ALU。

2.2.2 寄存器组

寄存器（又称缓存）一般是指受控于同一个时钟信号的多个触发器的组合，通常整合在 CPU 内，其读/写速度与 CPU 的运行速度基本匹配。但因为性能优越，所以寄存器的造价昂贵，数量相比内存来说要少得多。使用寄存器可以缩短指令长度，节省存储空间，提高指令的执行速度。不同的寄存器有不同的作用，一般用字母或其功能的英文编写来命名。而外存在主板外，一般指硬盘、U 盘等在切断电源后仍能保存资料的设备，容量比较大，其缺点是读/写速度都较慢，原因是其必须经由 CPU 外部的总线操作来进行数据的存取访问。而嵌入式系统所嵌入的宿主系统被称为对象系统。

CPU 处理数据时，会预先把要用的数据从硬盘读到内存，再把即将要用的数据读到寄存器。最理想的情况就是 CPU 所有的数据都能从寄存器里读到，这样读/写速度就快。如果寄存器里没有要用的数据，那么就要从内存甚至硬盘里面读，这样读/写数据占用的时间就可能比 CPU 运算的时间长。

寄存器对于编程是非常重要的，尤其是涉及汇编语言编程。图 2-8 所示为 Cortex-M3 中寄存器的组成。

第 2 章　Cortex-M3 微处理器架构

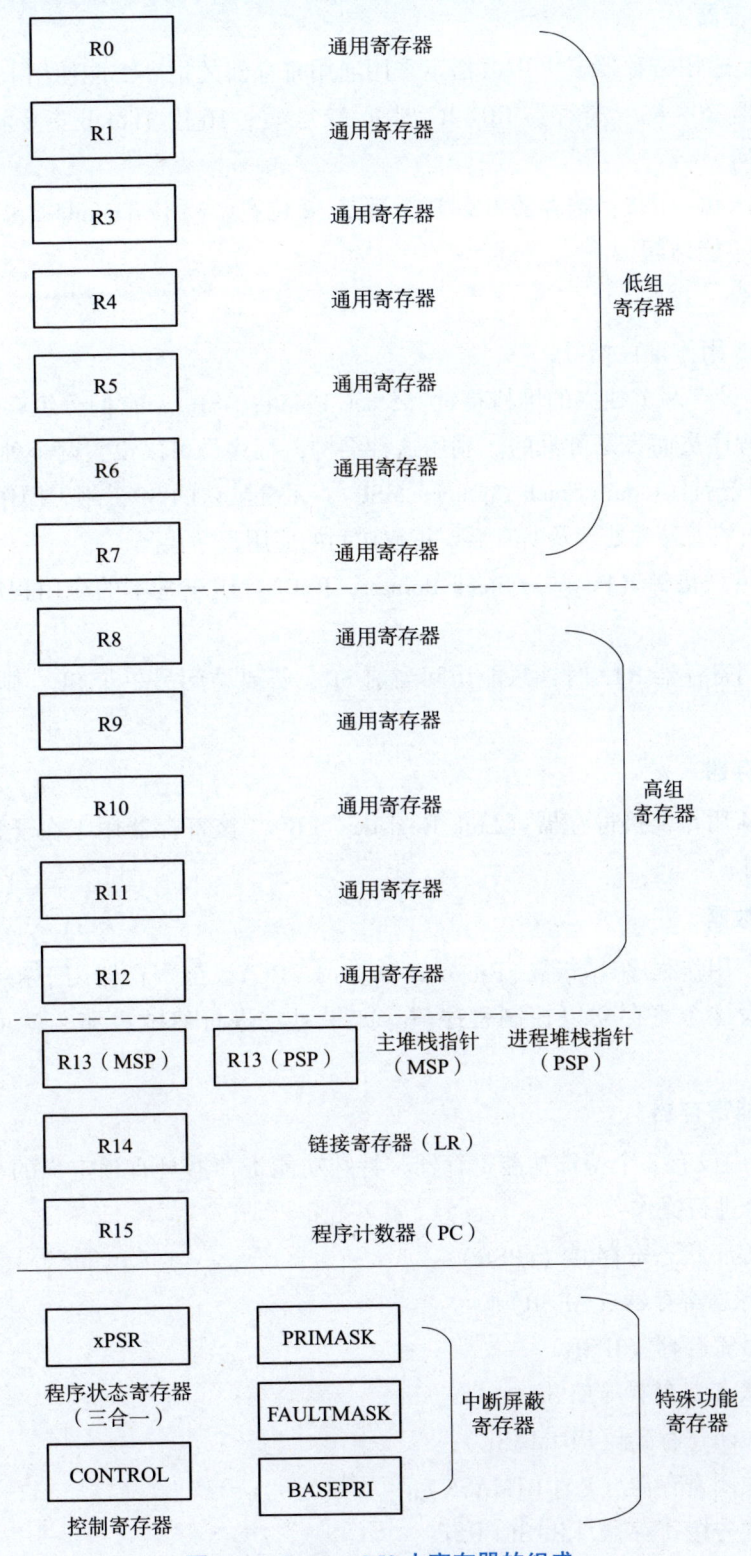

寄存器	说明	分组
R0	通用寄存器	低组寄存器
R1	通用寄存器	
R3	通用寄存器	
R4	通用寄存器	
R5	通用寄存器	
R6	通用寄存器	
R7	通用寄存器	
R8	通用寄存器	高组寄存器
R9	通用寄存器	
R10	通用寄存器	
R11	通用寄存器	
R12	通用寄存器	
R13（MSP） / R13（PSP）	主堆栈指针（MSP） / 进程堆栈指针（PSP）	
R14	链接寄存器（LR）	
R15	程序计数器（PC）	
xPSR	程序状态寄存器（三合一）	特殊功能寄存器
PRIMASK / FAULTMASK / BASEPRI	中断屏蔽寄存器	
CONTROL	控制寄存器	

图 2-8　Cortex-M3 中寄存器的组成

1. 通用寄存器

R0~R12 是通用寄存器，大多数指定采用通用寄存器的指令都能使用 R0~R12。

低组寄存器 R0~R7：寄存器 R0~R7 都是 32 位宽，16 位 Thumb 指令和 32 位 Thumb-2 指令都可以访问。

高组寄存器 R8~R12：寄存器 R8~R12 都是 32 位宽，32 位 Thumb-2 指令可以访问，16 位 Thumb 指令不能访问。

2. 堆栈指针

寄存器 R13 用作堆栈指针。

Cortex-M3 设有两个独立的堆栈指针（Stack Pointer，SP），它们分组存放，同一时刻只有其中一个对程序员而言是可见的。利用这种结构，程序员可以设置两个独立的堆栈指针。

（1）主堆栈指针（Main Stack Pointer，MSP）：系统默认的 SP，用于操作系统（Operating System，OS）内核、异常处理及所有需要特权访问的应用程序代码。

（2）进程堆栈指针（Progress Stack Pointer，PSP）：用于基本的应用程序代码（未运行异常处理时）。

程序中使用寄存器 R13 时，只能访问当前 SP，若要访问另一个 SP，则只能通过 MSR/MRS 指令实现。

3. 链接寄存器

寄存器 R14 用作链接寄存器（Link Register，LR）。该寄存器用于在子程序或函数调用时保存返回地址。

4. 程序计数器

寄存器 R15 用作程序计数器（Program Counter，PC），该寄存器用于指示当前的指令地址。我们可以写这个寄存器以控制程序流。如果对它进行修改，那么就可以改变程序的走向。

5. 特殊功能寄存器

Cortex-M3 中设有 8 个特殊功能寄存器。特殊功能寄存器具有预定义的功能，并且只能通过其访问指令进行操作：

（1）组合程序状态寄存器（xPSR）；
（2）ALU 标志寄存器（APSR）；
（3）中断号寄存器（IPSR）；
（4）执行状态寄存器（EPSR）；
（5）中断关闭寄存器（PRIMASK）；
（6）异常关闭寄存器（FAULTMASK）；
（7）屏蔽优先级寄存器（BASEPRI）；
（8）状态控制寄存器（CONTROL）。

表 2-1 所示为特殊功能寄存器说明。

表 2-1 特殊功能寄存器说明

寄存器		名称	功能
xPSR	APSR	ALU 标志寄存器	记录 ALU 标志（零标志、进位标志、负数标志、溢出标志）
	IPSR	中断号寄存器	存放当前正服务的中断号
	EPSR	执行状态寄存器	含 T 位，在 Cortex-M3 中 T 位必须是 1。含 ICI 位，记录下一个即将传送的寄存器
PRIMASK		中断关闭寄存器	除能所有的中断（不可屏蔽中断（NMI）除外）
FAULTMASK		异常关闭寄存器	除能所有的 Fault（NMI 依然不受影响，而且被除能的 Faults 会"上访"）
BASEPRI		屏蔽优先级寄存器	除能所有优先级不高于某个具体数值的中断
CONTROL		状态控制寄存器	定义特权状态，并且决定使用哪一个堆栈指针

1）组合程序状态寄存器（xPSR）

组合程序状态寄存器包含了 CPU 所有状态标志，如表 2-2 所示。

表 2-2 组合程序状态寄存器

位号	31	30	29	28	27	26:25	24	23:20	19:16	15:10	9	8	7	6	5	4:0
xPSR	N	Z	C	V	Q	ICI/IT	T	保留	保留	ICI/IT	保留	中断号				

xPSR 分为 3 个状态寄存器：ALU 标志寄存器（APSR）、中断号寄存器（IPSR）和执行状态寄存器（EPSR）。每个状态寄存器都是由组合程序状态寄存器中某一部分标志位组成的，这 3 个状态寄存器都可以被独立地当作访问 xPSR 的捷径使用。xPSR 是完整的状态寄存器，而不是某一个状态寄存器。

（1）ALU 标志寄存器（APSR）。APSR 包含条件码标志位，用于反映运算类指令结果对条件标志位的影响，如表 2-3 所示。

表 2-3 ALU 标志寄存器

位号	31	30	29	28	27	26:0
APSR	N	Z	C	V	Q	保留

N、Z、C、V 和 Q 均为条件标志位。其内容可被算术或逻辑运算指令的结果改变，由条件标志位状态可以决定某条指令是否执行。

条件标志位的含义如下。

① N：当用两个补码表示的有符号数进行运算时，N=1 表示运算结果为负数；N=0 表示运算结果为正数或 0。

② Z：Z=1 表示指令运算结果为 0；Z=0 表示指令运算结果为非 0。

③ C：可用以下 4 种方法设置。

（a）加法运算：C=1 表示运算结果产生进位（即无符号数溢出）；C=0 表示运算结果

未产生进位。

（b）减法运算：C=0 表示运算结果产生借位（即无符号数溢出）；C=1 表示运算结果未产生借位。

（c）对于包含移位操作的非加/减运算：C 为移出值的最后一位。

（d）对于其他非加/减运算：C 的值通常不改变。

④ V：可用以下 2 种方法设置。

（a）对于加/减法运算：当操作数和运算结果为二进制的补码表示的有符号数时，V=1 表示符号位溢出；V=0 表示符号位未溢出。

（b）对于其他非加/减运算：V 的值通常不改变。

⑤ Q：Q=1 表示饱和运算过程中产生了饱和；Q=0 表示饱和运算过程中未产生饱和。

（2）中断号寄存器（IPSR）。中断号寄存器包含当前激活的异常的中断号，如表 2-4 所示。

表 2-4 中断号寄存器

位号	31:9	8:0
IPSR	保留	中断号

（3）执行状态寄存器（EPSR）。执行状态寄存器包含两个重叠的区域和一个状态位，如表 2-5 所示。

表 2-5 执行状态寄存器

位号	31:27	26:25	24	23:16	15:10	9:0
EPSR	保留	ICI/IT	T	保留	ICI/IT	保留

可中断—可继续指令（ICI）区：用于保存从产生中断的断点继续执行多寄存器加载或存储操作时所必须的信息。

用于 If-Then（IT）指令的执行状态区：包含 If-Then 指令的执行状态位。

T 位：Thumb 状态位。

ICI 区和 IT 区是重叠的，因此，If-Then 模块内的多寄存器加载或存储操作不具有可中断—可继续的功能。

EPSR 是不能被直接访问的，其访问必须满足以下条件之一：

① 执行多寄存器加载或存储操作时产生一次中断；

② 执行 If-Then 指令。

2）中断关闭寄存器（PRIMASK）

中断关闭寄存器中只有 1 位，若该位置位（置位即设置为 1），则关掉所有可屏蔽的异常，只允许不可屏蔽中断和硬件错误异常。该位默认为 0，表示没有关中断。

3）异常关闭寄存器（FAULTMASK）

异常关闭寄存器中只有 1 位，若该位置位，则只有不可屏蔽中断（Non Maskable Interrupt, NMI）才能响应。该位默认为 0，表示没有关中断。

4）屏蔽优先级寄存器（BASEPRI）

屏蔽优先级寄存器中最多有 9 位，用于定义屏蔽优先级。当寄存器中某位置位时，相同或更低优先级的所有中断都被禁止，更高优先级的中断仍可执行。若寄存器中的位默认为 0，则禁止屏蔽功能。

在对时间比较敏感的任务中需要暂时禁止中断时，可以使用 PRIMASK 和 BASEPRI。当一个任务崩溃时，可以使用 FAULTMASK 暂时禁止错误处理。

5）状态控制寄存器（CONTROL）

状态控制寄存器的作用是定义特权等级和 SP 的选择。

（1）CONTROL［1］：该位置位时，在线程或基本等级中，使用 PSP。该位默认为 0，使用 MSP。该位只有在内核处于线程模式及特权状态下才是可写的，在用户或处理器模式下，该位不允许进行写操作。

（2）CONTROL［0］：该位置位时，设置为线程模式的用户级；该位复位时，设置为线程模式的特权级。该位只有在特权级下可写，一旦进入了用户级，要想切换回特权级，只能触发一次中断，并且在异常处理中进行修改。

2.2.3　操作模式和特权级

Cortex-M3 微处理器具有两种工作模式：线程模式和处理器模式，用于区别普通应用程序的代码与异常处理程序的代码（包含异常处理程序代码和中断服务程序代码）。

（1）线程模式（Thread）：系统成功复位或异常处理返回之后，处理器进入线程模式。特权和用户代码能够在线程模式下运行。

（2）处理器模式（Handler）：系统出现异常时处理器进入处理器模式。在该模式中，所有代码都是特权级访问的。

Cortex-M3 微处理器提供一种存储器访问的保护机制，即对关键区域的存储器安全访问机制及基本的安全模型，使普通的用户程序代码不能意外或恶意地执行涉及系统安全的操作。因此，处理器为程序赋予两种权限，分别为特权级和用户级。

（1）特权级：处于特权访问状态的程序可以访问所有存储器区域（被 MPU 禁止的除外），并且可以使用所有支持的指令。

（2）用户级：处于用户访问状态的程序不能访问 SCS（System Control Space，系统控制空间，是存储器空间的一部分，用于配置寄存器和调试部件）或特殊寄存器。

Cortex-M3 微处理器中的工作模式和特权级的对应关系如图 2-9 所示。

当 Cortex-M3 微处理器运行主程序（线程模式）时，可以处于特权级，也可以处于用户级。而运行异常处理程序时，必须在特权级下执行。当处理器退出复位时，处理器默认处于线程模式，并且具有特权访问权限。特权级下的程序可做的任务比用户级下的多。

从图 2-10 所示的允许的操作模式转换可以看到，处于特权级的程序可以通过对控制寄存器编程将程序切换到用户级。当异常发生时，程序切换到特权级，并在异常处理退出时返回到之前的状态。一旦进入用户级，用户级的程序不能直接通过改写控制寄存器 CONTROL 切换到特权级的访问状态，只能在返回线程模式时，通过设置控制寄存器 CONTROL 的异常处理才能重新进入特权级。

	特权级	用户级
运行异常处理程序	处理器模式	错误用法
运行主程序	线程模式	线程模式

图 2-9　Cortex-M3 微处理器中的工作模式和特权级的对应关系

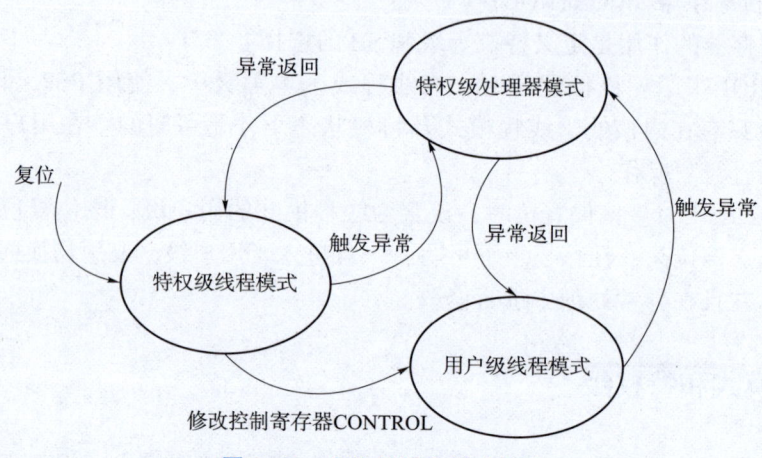

图 2-10　允许的操作模式转换

控制寄存器定义了处理器的工作模式和访问等级，只有在特权级中，程序才是可编程的。用户级的程序要切换到特权级，必须发起一个中断并在中断处理中修改控制寄存器。

2.2.4　异常、中断、中断向量表、中断控制器

计算机出现中断的表现是 CPU 暂停当前程序应该执行的工作，去处理其他突发事件，主程序的执行已处于停滞状态。中断的发生一般具有突发性和偶然性，即对计算机而言中断是不可预测的。中断处理的过程是 CPU 受计算机中断系统的引导去执行一段事先设计好的中断服务程序。

异常是指 CPU 遇到了无法响应的工作，然后进入一种非正常状态，表现出来的现象是计算机的程序执行工作尚未停止，但又不是正常状态。例如，程序中的一条指令要求 CPU 执行除数是 0 的除法运算，由于计算机无法表示出结果，于是进入一种异常状态，需要特别的处理（由异常服务程序来完成）。导致异常出现的原因通常是程序设计有逻辑上的缺陷。

通常，由外部原因触发导致 CPU 暂停执行当前程序称为中断，由内部原因导致计算机处于不正常的状态称为异常，中断和异常共同的表现是主程序的执行不再正常。在实际应用中，计算机应用工程师通常将中断用作一种有效的数据输入/输出方式，让计算机的主程序停下来，以便完成数据从接口电路输入或输出，然后重新回到主程序去执行。

1. 系统异常的类型和外部中断的类型

异常是程序在执行时发生的，它会打断指令的正常流程。

有许多种错误会触发异常，从硬盘受外力冲击突然毁坏这样的严重硬件错误，到尝试访问越界数组元素这样的简单程序错误，这些错误如果在函数执行过程中发生，则函数将创建一个异常对象并把它输入运行时系统（Runtime System）。异常对象包含异常信息（如异常的类型、异常发生时程序的状态），运行时系统负责找到指定代码来处理这个异常。

一个异常处理器是否合适取决于输入的异常是否和异常处理器处理的异常为同一种类型的异常。因而异常向后寻找整个调用堆栈，直到一个合适的异常处理器被找到，然后调用函数处理这个异常。异常处理器的选择称为捕获异常（Catch the Exception）。

Cortex-M3 微处理器支持多个系统异常和外部中断，其异常类型如表 2-6 所示。编号 1~15 的为系统异常，编号 16 以上的为外部中断。异常与中断的优先级有些是固定的，有些是可编程设定的。为了表述方便，下文异常与中断统称为中断。

表 2-6 Cortex-M3 微处理器中的中断类型

编号	类型	优先级	简介
0	N/A	N/A	没有异常在运行
1	复位	-3（最高）	复位
2	NMI	-2	不可屏蔽中断（来自外部 NMI 输入引脚）
3	硬（Hard）Fault	-1	所有被除能的 Fault，都将"上访"成硬 Fault。除能的原因包括当前被禁用，或者被 PRIMASK 或 BASPRI 掩蔽
4	存储器管理（MemManage）Fault	可编程	MPU 访问犯规及访问非法位置均可引发存储器管理 Fault。企图在"非执行区"取指也会引发此 Fault
5	总线 Fault	可编程	从总线系统收到了错误响应，原因可以是预取流产（Abort）或数据流产，或者企图访问协处理器
6	用法（Usage）Fault	可编程	由于程序错误导致的异常。通常是使用了一条无效指令，或者是非法的状态转换，例如尝试切换到 ARM 状态
7~10	保留	N/A	N/A
11	SVC	可编程	执行系统服务调用（SVC）指令引发的异常
12	调试监视器	可编程	调试监视器（断点、数据观察点或外部调试请求）
13	保留	N/A	N/A
14	PendSV	可编程	为系统设备而设的"可悬挂请求"（Pendable Request）

续表

编号	类型	优先级	简介
15	SysTick	可编程	系统节拍定时器
16	IRQ#0	可编程	外部中断#0
17	IRQ#1	可编程	外部中断#1
…	…	…	…
255	IRQ#239	可编程	外部中断#239

当前正在运行的中断编号可以由两个寄存器体现：中断号寄存器（IPSR）和嵌套向量中断控制器（NVIC）中的中断控制状态寄存器（VECTACTIVE 域）。

2. 中断向量表

当中断发生，Cortex-M3 微处理器接收中断时就会执行中断处理程序。为了确定中断处理程序的起始地址，处理器使用了中断向量表机制。中断向量表就是由一组中断服务程序的入口地址组成的一张向量表格，一般放在程序的开头。如表 2-7 所示的向量表中列出了各种中断类型的中断处理程序的起始地址。向量表在系统复位后位于 ROM 地址 0x0 处，向量表的位置可以由 NVIC 中的重定位寄存器决定。

表 2-7 复位后的中断向量表的定义

中断类型	表项所在地址偏移量	中断向量（该 ESR 的入口地址）
0	0x00	复位后 MSP 的初始值
1	0x04	复位
2	0x08	NMI
3	0x0C	硬 Fault
4	0x10	存储器管理 Fault
5	0x14	总线 Fault
6	0x18	用法 Fault
7~10	0x1c~0x28	保留
11	0x2c	SVC
12	0x30	调试监视器
13	0x34	保留
14	0x38	PendSV
15	0x3c	SysTick
16	0x40	IRQ#0
17	0x44	IRQ#1
18~255	0x48-0x3FF	IRQ#2~IRQ#239

3. 优先级的定义

系统中存在着多个外部中断源，或者有多种类型的系统异常，当有多个外部中断源或多种类型的系统异常同时发出中断请求时，要求计算机能确定哪个中断更紧迫，以便首先响应。为此，计算机给每个中断规定了优先级别，称为优先级。这样，当多个中断同时发生时，优先级高的中断能先被响应，只有优先级高的中断处理结束后才能响应优先级低的中断。计算机按中断优先级的高低逐次响应的过程称为优先级排队。

Cortex-M3 微处理器支持 3 个最高的固定优先级及 256 个可编程的优先级（最多 128 个抢占等级）。中断是否被执行及何时被执行都会受到中断优先级的制约。在嵌套中断时，高优先级（优先级编号较小）中断可以抢占低优先级（优先级编号较大）中断。有些中断具有固定的优先级，它们的优先级数值为负，比其他中断的优先级要高，其他中断具有可编程的优先级。

2.2.5 存储器映射、存储器保护单元

1. 存储器映射

Cortex-M3 微处理器的存储器采用统一的映射方式，如图 2-11 所示。Cortex-M3 微处理器预先定义好了"粗线条的"存储器映射，把片上外设的寄存器映射到外设区，就可以简单地以访问内存的方式来访问这些外设的寄存器，从而控制外设的工作。这种预定义的存储器映射关系可以对访问速度进行优化，而且对于片上系统的设计更易集成。片上外设可以使用 C 语言来操作。

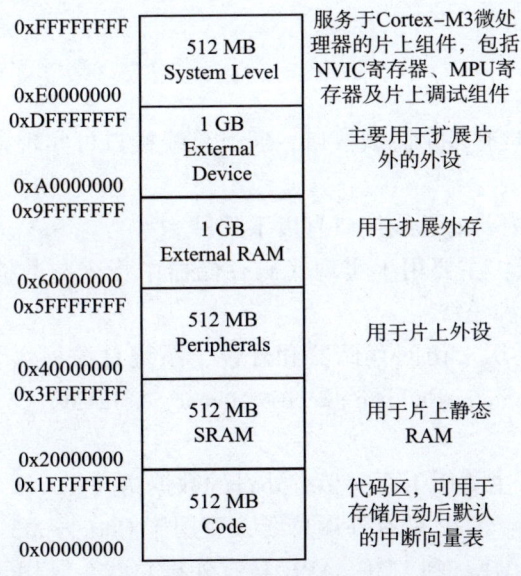

0xFFFFFFFF ~ 0xE0000000	512 MB System Level	服务于Cortex-M3微处理器的片上组件，包括NVIC寄存器、MPU寄存器及片上调试组件
0xDFFFFFFF ~ 0xA0000000	1 GB External Device	主要用于扩展片外的外设
0x9FFFFFFF ~ 0x60000000	1 GB External RAM	用于扩展外存
0x5FFFFFFF ~ 0x40000000	512 MB Peripherals	用于片上外设
0x3FFFFFFF ~ 0x20000000	512 MB SRAM	用于片上静态RAM
0x1FFFFFFF ~ 0x00000000	512 MB Code	代码区，可用于存储启动后默认的中断向量表

图 2-11 Cortex-M3 微处理器预定义的存储器映射

Cortex-M3 微处理器为高达 4 GB 的可寻址存储空间提供简单和固定的存储器映射。程序可以在代码区、内部 SRAM 区及外部 RAM 区中执行。但是，由于指令总线与数据总线是分开的，所以最理想的办法是把程序放到代码区中执行，从而使取指令和数据访问操作各自

使用自己的总线，实现并行处理。

Cortex-M3 微处理器上 SRAM 区的大小是 512 MB，这个区通过系统总线来访问。在这个区的下部，有一个 1 MB 的区间，称为"位带区"。该位带区还有一个对应的 32 MB 的"位带别名区"，容纳 8 M 个位变量。位带区对应的是最低的 1 MB 地址范围，而位带别名区里面的每个字对应位带区的 1 位。通过位带功能，可以把一个布尔型数据打包在一个单一的字中，从位带别名区中，可以像访问普通内存一样使用它。位带别名区中的访问操作是原子的（不可分割），省去了传统的"读—修改—写"3 个步骤。

与 SRAM 区相邻的 512 MB 范围的区由片上外设的存储器使用。这个区中也有一个 32 MB 的位带别名区，以便能够快捷地访问外设寄存器，用法与片上 SRAM 区的位绑定相同。此外还有两个 1 GB 的范围，分别用于连接片外 RAM 和片外外设。

最后 512 MB 的隐秘区域，包括了系统及组件、内部私有外设总线、外部私有外设总线以及由芯片供应商提供定义的系统外设。

2. 存储器保护单元（MPU）

MPU 是 Cortex-M3 微处理器的一个可选模块，主要由微控制器和 SoC 的设计决定其使用情况。MPU 的主要作用是为特权访问和用户程序访问设定访问规则。当违反访问规则时，异常就会产生。如果有必要，该异常处理应能分析问题并做出修正。

通常情况下，操作系统可以设置 MPU 来对 OS 和其他特权进程使用的数据进行保护，以免它们被其他恶意用户程序访问。MPU 还可以用于将存储器区域设置为只读，防止数据被意外擦除或在多任务系统中隔离不同任务间的存储器区域。选择 MPU 可以增强嵌入式系统的可靠性。

2.2.6 总线接口

Cortex-M3 微处理器具有多个总线接口，通过总线接口可实现指令的读取和数据的存取操作。

Cortex-M3 微处理器主要的总线接口有以下几种。

（1）代码存储器总线：主要用于实现代码存储器中指令与数据的访问。该总线在物理上分为 ICode 和 DCode 两种总线。

（2）系统总线：主要用于访问存储器和外设，系统总线提供了访问多种外设的接口，如静态随机存取存储器（Static Random-Access Memory，SRAM）、外部 RAM、外设及部分系统级存储器区域。

（3）私有外设总线：主要用于面向私有外设的数据访问。

私有外设总线有两根：AHB 私有外设总线，只用于 Cortex-M3 微处理器内部的 AHB 外设，它们是 NVIC、FPB、DWT 和 ITM；APB 私有外设总线，既用于 Cortex-M3 微处理器内部的 APB 设备，也用于片外外设。Cortex-M3 微处理器允许器件制造商添加 APB 设备到 APB 私有外设总线上，它们通过 APB 接口来访问。

第 3 章　Cortex-M3 微处理器的指令系统

3.1 指令基础

3.1.1 ARM 指令系统的发展

ARM 指令集最初由英国公司 ARM Holdings 开发，并广泛应用于各种嵌入式系统、移动设备和低功耗应用中。

ARM 指令集最早出现在基于 ARMv1 的微处理器上。该微处理器是一款 32 位微处理器，采用精简指令集（RISC）设计理念，具有较低的能耗和成本。基于 ARMv2 的微处理器增加了对乘法指令的支持，并引入了缓存技术来提高性能。1992 年，ARM Holdings 公司推出了 ARMv3 指令集，它支持更多的指令和功能，如虚拟内存管理单元（Virtual Memory Management Unit，VMMU）和协处理器。ARMv4 指令集引入了 Thumb 指令集，可以以压缩的形式执行 16 位指令，提高了代码密度和节能效果。1997 年，ARM Holdings 公司推出 ARMv5 指令集，它引入了 Jazelle 技术，使微处理器能够直接执行 Java 字节码。2002 年，ARM Holdings 公司发布 ARMv6 指令集，它引入了 Thumb-2 技术，将 16 位 Thumb 指令和 32 位 ARM 指令混合使用，提高了代码密度和性能。ARMv7 指令集于 2004 年发布，它引入了 NEON SIMD（单指令多数据）扩展指令集，提供更高的并行计算能力。

2011 年，ARM Holdings 推出 ARMv8 指令集，这是一个重要的里程碑，它适用于 64 位微处理器架构（AArch64），并保持了与之前 32 位指令集的向后兼容性。ARM Holdings 公司目前正在研发 ARMv9 指令集，基于 ARMv9 的微处理器将进一步提升性能、安全性和 AI 加速能力。

3.1.2　Cortex-M3 微处理器的指令集

Cortex-M3 微处理器采用 Thumb-2 指令集。该指令集最早出现于 ARM11 微处理器，提供了几乎与 ARM 指令集完全相同的功能，同时具有 16 位和 32 位指令，既继承了 Thumb 指令集的高代码密度，又能实现 ARM 指令集的高性能。它采用 2 字节边界对齐，16 位和 32 位指令可自由混合使用。

Thumb-2 指令集并不是 Thumb 指令集的简单升级，它继承并集成了传统的 Thumb 指令集和 ARM 指令集的各自优点，可以完全代替 Thumb 体系架构指令集和原先的 ARM 指令集，是 Thumb 指令集和 ARM 指令集的一个超集。Thumb-2 指令集体系架构，无须处理器进行工作状态的显示切换，就可运行 16 位与 32 位混合代码。与 ARM 相比，Thumb-2 指令集的速度提高 15%~20%。Cortex-M3 微处理器使用的是 Thumb-2 指令集的子集，它的指令工作状态只有 Thumb-2 状态。

3.2　汇编语言指令

3.2.1　指令和指令格式

1. 指令和指令系统

计算机通过执行程序来完成指定的任务，而程序是由一系列有序指令组成的。指令是指挥计算机执行某种操作的命令，微处理器内核支持的指令的集合称为微处理器的指令系统。指令系统集中反映了微处理器的硬件功能和属性。不同系列的微处理器，由于其内部结构的不同，其指令系统也不同。

2. Cortex-M3 指令的语法格式

Cortex-M3 指令的语法格式如下：

<opcode>[<cond>][s]<Rd>,<Rn>[,<op2>];

其中：

（1）<>中的参数是必选参数，[ ]中的参数是可选参数；

（2）<opcode>表示指令的操作码，通常用英文助记符表示，如 MOV 和 SUB 等；

（3）<cond>表示指令执行的条件码，说明在何种条件下执行该指令；

（4）[s]用于决定指令执行的结果是否影响程序状态寄存器 xPSR 的值，使用该后缀则指令执行的结果影响 xPSR 的值，否则不影响；

（5）<Rd>表示目的寄存器；

（6）<Rn>表示第一源操作数，该操作数必须是寄存器；

（7）<op2>表示第二源操作数，该操作数可以是立即数、寄存器或寄存器移位。

【例 3-1】　Cortex-M3 指令应用举例。

SUBNES R0,R1,#2

其中，SUB 为指令操作码；NE 为条件码，表示若当前 Z=0，则这条指令被执行，若 Z=1，则这条指令不执行；S 表示该指令的执行结果要影响（更新）xPSR 的值；R0 是目的寄存器；R1 是第一源操作数；立即数#2 是第二源操作数。

3.2.2 指令的可选后缀

ARM 指令集中的大多数指令都可以选加后缀，这些后缀使 ARM 指令使用起来十分灵活。ARM 指令常见的可选后缀有"S"后缀和"!"后缀。

1. "S"后缀

指令中使用"S"后缀时，指令执行后程序状态寄存器的条件标志位将被刷新；不使用"S"后缀时，指令执行后程序状态寄存器的条件标志位将不会发生变化。"S"后缀通常用于对条件进行测试，如是否有溢出，是否进位等；根据这些变化，就可以进行一些判断，如是否大于，是否相等等；从而可能影响指令执行的顺序。

2. "!"后缀

如果指令地址表达式中不含"!"后缀，则指令被执行后，基址寄存器中的地址值不会发生变化。如果指令地址表达式中含有"!"后缀，则指令被执行后，基址寄存器中的地址值将发生变化，变化的结果如下：

基址寄存器中的值（指令被执行后）= 指令被执行前的值+地址偏移量

【例 3-2】 分析下面两条指令。

LDR R2,[R0,#4]
LDR R2,[R0,# 4] !

【分析】 在上述指令中，第 1 条指令没有"!"后缀，指令的结果是把 R0 加 4 作为地址指针，把这个指针所指向的地址单元中存储的数据读入 R2，R0 的值不变。第 2 条指令除了实现以上操作外，还把 R0 加 4 的结果存到 R0 中。

3.2.3 指令的条件执行

指令可包含一个条件码，只有当 xPSR 的值满足指定的条件时，带条件码的指令才能被执行。

每一条 ARM 指令机器码包含 4 位的条件码，可组合成 15 种条件码，如表 3-1 所示。在 ARM 指令格式中，每种条件码可用两个字符表示，这两个字符位于指令助记符之后，与指令同时使用。

表 3-1 指令的条件码

条件码	助记符后缀	标志	含义
0000	EQ	Z 置位	相等
0001	NE	Z 清零	不相等

续表

条件码	助记符后缀	标志	含义
0010	CS	C 置位	无符号数大于或等于
0011	CC	C 清零	无符号数小于
0100	MI	N 置位	负数
0101	PL	N 清零	正数或 0
0110	VS	V 置位	溢出
0111	VC	V 清零	未溢出
1000	HI	C 置位，Z 清零	无符号数大于
1001	LS	C 清零，Z 置位	无符号数小于或等于
1010	GE	N 等于 V	有符号数大于或等于
1011	LT	N 不等于 V	有符号数小于
1100	GT	Z 清零且（N 等于 V）	有符号数大于
1101	LE	Z 置位或（N 不等于 V）	有符号数小于或等于
1110	AL	忽略	无条件执行

3.2.4 指令宽度的选择

在 Cortex-M3 指令集中，根据指令中给出的操作数的不同，有许多指令既可以产生 16 位编码也可以产生 32 位编码。对于这类指令，可使用指令宽度后缀来强制指定特定的指令宽度。通常有以下两种指令宽度后缀。

（1）后缀".W"：强制指定指令产生 32 位编码。

（2）后缀".N"：强制指定指令产生 16 位编码。

【例 3-3】 指令宽度后缀应用举例。

```
ADDS.N   R0,#1          ;使用 16 位 Thumb 指令
ADDS.W   R0,#1          ;使用 32 位 Thumb-2 指令
```

3.3 寻址方式

所谓寻址方式，指的是微处理器根据指令中给出的内存地址信息，找出操作数的物理地址，实现对操作数的访问。根据指令中给出的操作数的形式的不同，ARM 指令系统支持的常见寻址方式有：立即寻址、寄存器寻址、寄存器间接寻址、寄存器移位寻址、基址变址寻址、多寄存器寻址、相对寻址及堆栈寻址。

3.3.1 立即寻址

立即寻址又称立即数寻址，是一种特殊的寻址方式，指令中直接给出操作数，只要取出指令也就找到了操作数，这个操作数称为立即数。

【例 3-4】 立即寻址应用举例。

```
MOV R0,#2            ;R0←2
ADD R0,R0,#100       ;R0←R0+100
```

以上两条指令中，以"#"为前缀的操作数即为立即数。对于用十六进制表示的立即数，要求在"#"后加上"0x"或"&"；对于用二进制表示的立即数，要求在"#"后加上"0b"；对于用十进制表示的立即数，要求在"#"后加上"0d"或缺省。

3.3.2 寄存器寻址

寄存器寻址指的是将寄存器中存放的数值作为操作数，这是各类微处理器常采用的一种执行效率较高的寻址方式。

【例 3-5】 寄存器寻址应用举例。

```
ADD R0,R1,R2         ;R0←R1+R2
```

此条指令中，两个操作数分别存放在寄存器 R1 和 R2 中，该指令的功能是将 R1 和 R2 中的数值相加，并将结果存放在寄存器 R0 中。

3.3.3 寄存器间接寻址

寄存器间接寻址指的是将寄存器中存放的数值作为操作数的有效地址，而操作数本身存放在内存中。用于寄存器间接寻址的寄存器必须用"[ ]"括起来。

【例 3-6】 寄存器间接寻址应用举例。

```
LDR R0,[R1]          ;R0←[R1]
```

该指令表示将寄存器 R1 中的值作为地址，将该地址内存单元中的字数据传送到寄存器 R0 中。寄存器间接寻址示意如图 3-1 所示。

图 3-1 寄存器间接寻址示意

```
STR R1,[R2]          ;[R2]←R1
```

该指令表示将 R1 的值（字数据）传送到以 R2 的值作为地址的内存单元中。

3.3.4 寄存器移位寻址

寄存器移位寻址是 ARM 指令系统特有的寻址方式。寻址的操作数由寄存器中的数值进行相应移位得到，移位的方式在指令中以助记符形式给出。移位的位数可由立即数或寄存器寻址方式表示。

【例 3-7】 寄存器移位寻址应用举例。

ADD R0,R1,R2,LSL#1

该指令表示将 R2 中的值向左移 1 位，然后与 R1 中的值相加，结果存入 R0 中。

MOV R1,R0,LSR#2

该指令表示将 R0 中的值向右移 2 位，并将移位后的结果存入 R1 中。

3.3.5 基址变址寻址

基址变址寻址指的是将寄存器（该寄存器一般作为基址寄存器）中的内容与指令中给出的地址偏移量相加，形成操作数的有效地址。此寻址方式常用于访问某基址附近的存储单元。

【例 3-8】 基址变址寻址应用举例。

LDR R0,[R1,#4]   ;R0←[R1+4]

该指令表示将基址寄存器 R1 中的内容加上偏移量 4，形成操作数的有效地址，将该地址内存单元中的字数据传送到寄存器 R0 中，寻址示意如图 3-2（a）所示。

LDR R0,[R1,#4]!   ;R0←[R1+4]
                          ;R1←R1+4

该指令表示，将基址寄存器 R1 中的内容加上偏移量 4，形成操作数的有效地址，将该地址内存单元中的字数据传送到寄存器 R0 中；再将基址寄存器 R1 中的值加 4。寻址示意图如图 3-2（b）所示。指令中的符号"!"表示在完成数据传送后需要更新基址寄存器的内容。

LDR R0,[R1],#4   ;R0←[R1]
                          ;R1←R1+4

该指令表示，将基址寄存器 R1 中的内容作为操作数的有效地址，将该地址内存单元中的字数据传送到寄存器 R0 中；再将基址寄存器 R1 中的值加 4。

LDR R0,[R1,R2]   ;R0←[R1+R2]

该指令表示，将基址寄存器寄存器 R1 中的值加上基址寄存器寄存器 R2 中的值，形成操作数的有效地址，将该地址内存单元中的字数据传送到寄存器 R0 中。

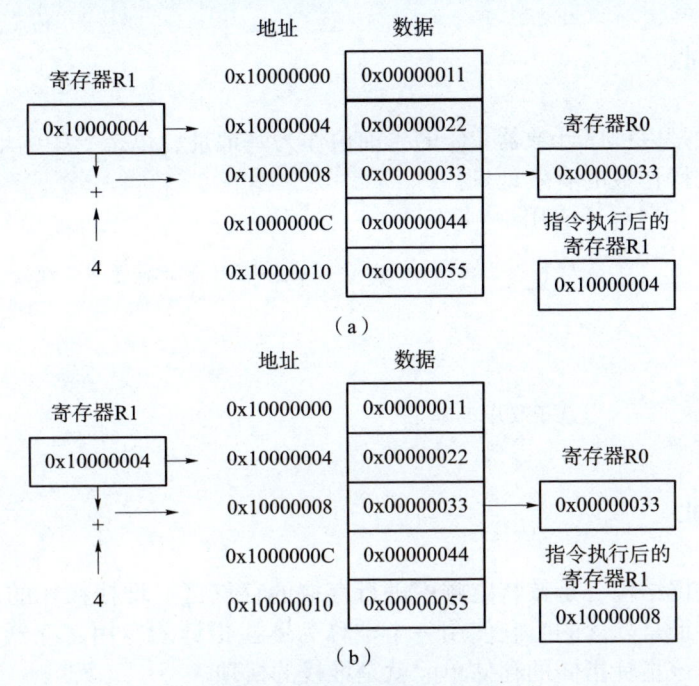

第3章　Cortex-M3 微处理器的指令系统

图 3-2　基址变址寻址示意

（a）基址变址寻址 1；（b）基址变址寻址 2

3.3.6　多寄存器寻址

多寄存器寻址指的是一条指令可以完成多个通用寄存器的值的传送，该寻址方式可以用一条指令传送最多 16 个通用寄存器的值。连续的寄存器之间用 "-" 连接，不连续则用 "," 分隔。

【例 3-9】　多寄存器寻址应用举例。

```
LDMIA R0,{R1,R3,R4,R5}      ;R1←[R0]
                            ;R3←[R0+4]
                            ;R4←[R0+8]
                            ;R5←[R0+12]
```

该指令表示，将寄存器 R0 中的值作为操作数的有效地址，将内存中该地址开始的连续单元的内容依次传送到寄存器 R1、R3、R4 和 R5 中，寻址示意如图 3-3 所示。

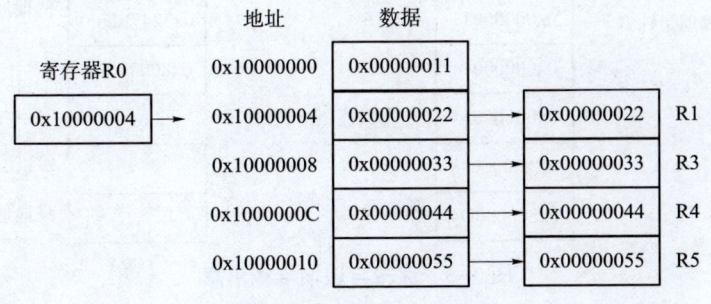

图 3-3　多寄存器寻址示意

47

3.3.7 相对寻址

相对寻址指的是以程序计数器 PC 的当前值作为基地址,以指令中的地址标号作为偏移量,两者相加形成操作数的有效地址。

【例 3-10】 相对寻址应用举例。

```
    BL SUBB         ;转移到子程序 SUBB 处执行,SUBB 是子程序入口地址
    …
SUBB
    …
    MOV PC,LR       ;从子程序返回
```

3.3.8 堆栈寻址

堆栈是一种数据结构,是按特定顺序进行存取的存储区。堆栈操作的原则是先进后出,后进先出。堆栈寻址是隐含的,它使用一个被称为堆栈指针的专用寄存器 SP,来指示堆栈当前的操作位置,该指针指向的存储单元就是堆栈的栈顶。

若堆栈指针指向最后进入堆栈的数据,则称该堆栈为满堆栈;若堆栈指针指向下一个将要放入数据的空位置,则称该堆栈为空堆栈,如图 3-4 所示。

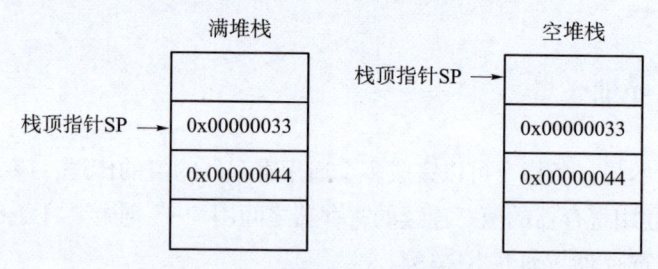

图 3-4 满堆栈与空堆栈示意

根据堆栈的生成方式的不同,可将堆栈分为递增堆栈和递减堆栈。当数据入栈时,堆栈是向高地址方向生成的,称为递增堆栈;当数据入栈时,堆栈是向低地址方向生成的,称为递减堆栈,如图 3-5 所示。

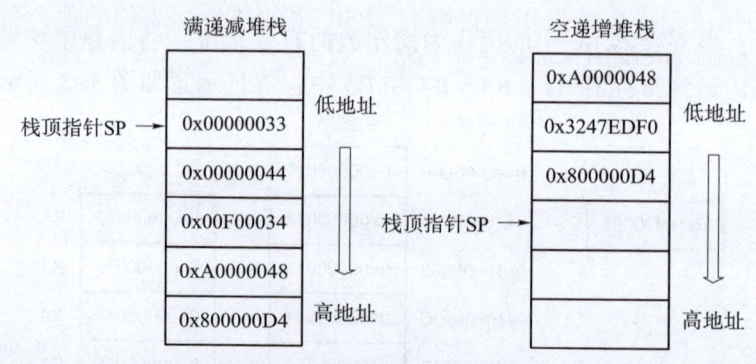

图 3-5 递减与递增堆栈示意

ARM 微处理器支持以下 4 种类型的堆栈工作方式。

（1）满递增堆栈（Full Ascending，FA）：堆栈指针指向最后压入的数据，且新数据入栈时，堆栈存储区由低地址向高地址生成。

（2）满递减堆栈（Full Desending，FD）：堆栈指针指向最后压入的数据，且新数据入栈时，堆栈存储区由高地址向低地址生成。

（3）空递增堆栈（Empty Ascending，EA）：堆栈指针指向一个将要放入数据的空位置，且新数据入栈时，堆栈存储区由低地址向高地址生成。

（4）空递减堆栈（Empty Desending，ED）：堆栈指针指向一个将要放入数据的空位置，且新数据入栈时，堆栈存储区由高地址向低地址生成。

3.4 指令集

Cortex-M3 支持的指令集包括 ARMv6 的大部分 16 位 Thumb 指令及 ARMv7 的 32 位 Thumb-2 指令集。Thumb-2 指令集分为：数据传送类指令、存储器访问类指令、数据处理类指令、跳转类指令、转移类指令等几种类型。

3.4.1 数据传送类指令

数据传送类指令主要用于将一个寄存器中的数据传送到另一个寄存器中，或者将一个立即数传送到寄存器中，这类指令通常用来初始化寄存器。

1）数据传送指令

数据传送指令的语法格式如下：

MOV[<cond>][s]<Rd>,<Op2>   ;将操作数 Op2 的值传送到目的寄存器 Rd 中
MOV[<cond>]<Rd>,#imm16   ;将 16 位的立即数传送到目的寄存器 Rd 中

其中：

（1）<cond>为指令编码中的条件码，用于指示 MOV 指令在什么条件下执行，当<cond>缺省时，指令为无条件执行；

（2）[s]用于决定指令的操作是否影响 xPSR 中的条件标志位的值，当[s]缺省时，指令执行结果不影响 xPSR 中条件标志位的值；

（3）<Rd>只能是寄存器数；

（4）imm16 为 0~65 535 范围内的任何数值。

【例 3-11】 MOV 指令应用举例。

（1）MOV R1,R0   ;将寄存器 R0 的值传送到寄存器 R1 中，即 R1←(R0)

（2）MOV R0,#1   ;将立即数 1 传送到寄存器 R0 中，即 R0←1

（3）MOV R1,R0,LSL#3   ;将寄存器 R0 的值逻辑左移 3 位(R0* 2^3)后传送到 R1 中，即 R1←(R0)* 8

（4）MOV PC,R14   ;将寄存器 R14 的值传送到 PC 中，即 PC←(R14)，返回调用代码

（5）MOVS PC,R14   ;将寄存器 R14 的值传送到 PC 中，返回到调用代码并恢复标志位

MOV 指令主要完成以下功能：

（1）将数据从一个寄存器传送到另一个寄存器中；

（2）将一个常数传送到寄存器中；

（3）当寄存器 PC 作为目的寄存器时，可以实现程序跳转。

2）数据取反传送指令

数据取反传送指令的语法格式如下：

MVN[<cond>][s]<Rd>,<Op2>

功能：将操作数 Op2 的值按位取反后传送到目的寄存器 Rd 中。

其中：

（1）<cond>为指令编码中的条件码，用于指示 MVN 指令在什么条件下执行，<cond>缺省时，指令无条件执行；

（2）[s]用于决定指令执的结果是否影响 xPSR 中的条件标志位，当[s]缺省时，指令执行结果不影响 xPSR 中的条件标志位；

（3）<Rd>只能是寄存器数。

【例 3-12】 MVN 指令应用举例。

（1）MVN R1,#0　　　　　;将立即数 0 按位取反后传送到寄存器 R1 中

（2）MVN R0,#4　　　　　;将立即数 4 按位取反后传送到寄存器 R0 中

3.4.2 存储器访问类指令

指令系统中的存储器访问类指令，用于产生 PC 相关地址及在 ARM 寄存器和存储器之间传送数据。处理器对存储器的访问只能通过加载/存储指令实现。加载指令用于将存储器中的数据传送到寄存器中，存储指令则用于将寄存器中的数据传送到存储器中。

对于冯·诺依曼存储结构的 Cortex-M3 微处理器，其存储器空间及 I/O 映射空间统一编址，除了对存储器操作，对外围 I/O 和程序数据的访问都要通过加载/存储指令实现。加载/存储指令如表 3-2 所示。

表 3-2 加载/存储指令

指令格式	指令类型说明	指令操作
ADR[<cond>]<Rd>,label	产生 PC 相关地址	Rd←label
LDR[<cond>]<Rd>,<addr_mode>[<!>]	加载字数据	Rd←[addr_mode]
LDRB[<cond>]<Rd>,<addr_mode>[<!>]	加载无符号字节数据	Rd←[addr_mode]
LDRH[<cond>]<Rd>,<addr_mode>[<!>]	加载无符号半字数据	Rd←[addr_mode]
LDRSB[<cond>]<Rd>,<addr_mode>[<!>]	加载有符号字节数据	Rd←[addr_mode]
LDRSH[<cond>]<Rd>,<addr_mode>[<!>]	加载有符号半字数据	Rd←[addr_mode]
LDRD[<cond>]<Rd>,<Rn>,<addr_mode>[<!>]	加载双字数据	Rd,Rn←[addr_mode]

续表

指令格式	指令类型说明	指令操作
STR[<cond>]<Rd>,<addr_mode>[<!>]	存储字数据	[addr_mode]←Rd
STRB[<cond>]<Rd>,<addr_mode>[<!>]	存储字节数据	[addr_mode]←Rd
STRH[<cond>]<Rd>,<addr_mode>[<!>]	存储半字数据	[addr_mode]←Rd
STRD[<cond>]<Rd>,<Rn>,<addr_mode>[<!>]	存储双字数据	[addr_mode]←Rd,Rn
LDM[<cond>]<mode><Rn>[<!>],<reglist>[<^>]	数据块加载	reglist ← [Rn,...]
STM[<cond>]<mode><Rn>[<!>],<reglist>[<^>]	数据块存储	[Rn,...] ← reglist

1. 产生 PC 相关地址的指令

该类指令用于将与 PC 相关的地址传送到寄存器中。

1) 小范围传送地址的指令

小范围传送地址的指令的语法格式如下：

ADR[<cond>]<Rd>,<label>

功能：将 PC 与立即数相加得到的地址传送到目的寄存器 Rd 中。

其中：label 为程序标号，label 必须在当前指令的±4 KB 范围内。

注意：Rd 不能是 PC 或 SP。

【例 3-13】 小范围传送地址的指令应用举例。

ADR R1,AGAIN　　　　　　;将 AGAIN 标号表示的地址值传送到寄存器 R1

2) 大范围传送地址的指令

大范围传送地址的指令的语法格式如下：

LDR[<cond>]<Rd>,<=expr>/<=label>

功能：将表达式值或标号地址传送到目的寄存器 Rd 中。

注意：Rd 不能是 PC 或 SP。

【例 3-14】 大范围传送地址的指令应用举例。

（1）LDR R1,=0x32　　　　　;将立即数 0x32 赋给寄存器 R1

（2）LDR R0,=NEXT　　　　　;将 NEXT 标号对应的地址值传送到寄存器 R0 中

2. 单数据加载/存储指令

单数据加载/存储指令在寄存器之间提供了灵活的单数据项传送方式。其支持的数据项类型包括字节（8 位）、半字（16 位）、字（32 位）和双字（64 位）。

1) 字数据加载/存储指令

（1）字数据加载指令。

字数据加载指令的语法格式如下：

LDR[<cond>]<Rd>,<addr_mode>[<!>]

功能：将 addr_mode 指定地址中的数据（32 位字数据）传送到寄存器 Rd 中。

该指令常用于从存储器中读取 32 位的字数据传送到通用寄存器，然后对数据进行处理。

<addr_mode>有以下 5 种可能的形式。

① 零偏移。

零偏移指令的语法格式如下：

LDR[<cond>]Rd,[Rn]

功能：Rn 作为传送数据的存储地址，即地址偏移量为 0。

【例 3-15】 零偏移指令应用举例。

LDR R0,[R1]   ;将地址为 R1 的字数据读入 R0 中

② 前索引偏移。

前索引偏移指令的语法格式如下：

LDR[<cond>]Rd,[Rn,#offset][<!>]

功能：将 Rn+#offset 作为传送数据的存储地址。

注意：若使用"!"后缀，则需要将地址 Rn+#offset 写回 Rn 中。若 Rn 为 R15，则不能使用"!"后缀。这里的 offset 是立即数，Rd 可以是 SP 或 PC，Rn 和 Rd 不能为同一寄存器。

【例 3-16】 前索引偏移指令应用举例。

LDR R0,[R1,#7]   ;将地址为 R1+7 的字数据读入 R0 中(R1 的值不变)
LDR R0,[R1,#7]!   ;将地址为 R1+7 的字数据读入 R0 中,并将地址 R1+7 写入 R1 中

③ 寄存器偏移。

寄存器偏移指令的语法格式如下：

LDR[<cond>]Rd,[Rn,Rm{,LSL#n}]

功能：将 Rn+Rm 左移 n 位（n 的范围为 0~3）作为传送数据的存储地址。

注意：这里 Rn 不能是 PC，Rm 不能是 SP 或 PC，Rd 可以为 SP 或 PC。

【例 3-17】 寄存器偏移指令应用举例。

LDR R0,[R1,R2]   ;将地址为 R1+R2 的字数据读入 R0 中
LDR R0,[R1,R2,LSL#1]   ;将地址为 R1+(R2*2)的字数据读入 R0 中

④ 程序相对偏移。

程序相对偏移指令的语法格式如下：

LDR[<cond>]Rd,label

功能：将程序计数器 PC 作为传送数据的存储地址。

其中：label 为程序标号，label 必须在当前指令±4 KB 的范围内。

注意：该指令格式中不能使用后缀"!"。这里 Rd 可以为 SP 或 PC。

【例 3-18】 程序相对偏移指令应用举例。

LDR R0,locdata   ;将地址为 PC=locdata 的字数据读入 R0 中

⑤ 后索引偏移。

后索引偏移指令的语法格式如下：

LDR[<cond>]Rd,[Rn],#offset

功能：将 Rn 作为传送数据的存储地址，在数据传送后，将 Rn+#offset 写入 Rn 中。

注意：这里 Rd 可以是 SP 或 PC，Rn 和 Rd 不能为同一寄存器。

【例 3-19】 后索引偏移指令应用举例。

```
LDR R0,[R1],R2          ;将地址为 R1 的字数据读入 R0 中,并将地址 R1+R2 写入 R1 中
LDR R0,[R1],#7          ;将地址为 R1 的字数据读入 R0 中,并将地址 R1+7 写入 R1 中
```

（2）字数据存储指令。

字数据存储指令的语法格式如下：

STR[<cond>]<Rd>,<addr_mode>

功能：将寄存器 Rd 中的字数据（32 位）写入 addr_mode 提供的指定内存单元中。

STR 指令与 LDR 指令一样在程序设计中比较常用，且寻址方式灵活多样，使用方法也与 LDR 指令类似，具体可参考 LDR 指令。

【例 3-20】 字数据存储指令应用举例。

（1） STR R0,[R1,#6]   ;将 R0 中的字数据写入 R1+6 地址开始的 4 个字节单元中
（2） STR R0,[R1],#6   ;将 R0 中的字数据写入 R1 地址开始的 4 个字节单元中并将地址 R1+6 写入 R1 中

2）字节数据加载/存储指令

（1）字节数据加载指令。

字节数据加载指令的语法格式如下：

① LDRB[<cond>]<Rd>,<addr_mode>

功能：将 addr_mode 指定地址中的数据（8 位无符号字节数）传送到寄存器 Rd 中。使 Rd 最低 8 位有效，高 24 位清零。

【例 3-21】 字节数据加载指令应用举例。

```
LDRB R0,[R1]            ;将地址为 R1 的字节数据读入 R0 中,并将 R0 的高 24 位清零
LDRB R0,[R1,#6]         ;将地址为 R1+6 的字节数据读入 R0 中,并将 R0 的高 24 位清零
```

② LDRSB[<cond>]<Rd>,<addr_mode>

功能：将 addr_mode 指定地址中的数据（8 位有符号字节数）传送到寄存器 Rd 中。使 Rd 最低 8 位有效，高 24 位用符号位扩展。

【例 3-22】 字节数据加载指令应用举例。

```
LDRSB R1,[R0,R3]        ;将地址为 R0+R3 的字节数读出,将读出的 8 位字节数据按符号位扩展
                         到 32 位后写入 R1 中
```

（2）字节数据存储指令。

字节数据存储指令的语法格式如下：

STRB[<cond>]<Rd>,<addr_mode>

功能：将寄存器 Rd 中低 8 位的字节数据写入 addr_mode 提供的指定内存单元中。

【例 3-23】 字节数据存储指令应用举例。

```
STRB R0,[R1]            ;将 R0 中的低 8 位的字节数据写入以 R1 为地址的存储单元中
STRB R0,[R1,#6]         ;将 R0 中的低 8 位的字节数据写入以 R1+6 为地址的存储单元中
```

3）半字数据加载/存储指令

（1）半字数据加载指令。

半字数据加载指令的语法格式如下：

① LDRH[<cond>]<Rd>,<addr_mode>

功能：将 addr_mode 指定地址中的数据（16 位无符号半字数据）传送到寄存器 Rd 的低 16 位，高 16 位清零。

【例 3-24】 半字数据加载指令应用举例。

LDRH R1,[R0]   ;将地址为 R0 的半字数据读入 R1 中,并将 R1 的高 16 位清零
LDRH R0,[R1,#6]   ;将地址为 R1+6 的半字数据读入 R0 中,并将 R0 的高 16 位清零

② LDRSH[<cond>]<Rd>,<addr_mode>

功能：将 addr_mode 指定地址中的数据（16 位有符号半字数据）传送到寄存器 Rd 的低 16 位，高 16 位用符号位扩展。

【例 3-25】 半字数据加载指令应用举例。

LDRSH R0,[R1]   ;将地址为 R1 的半字数据读出,将读出的半字(16 位)数据按符号位扩展
                      ; 到 32 位写入 R0

（2）半字数据存储指令。

半字数据存储指令的语法格式如下：

STRH[<cond>]<Rd>,<addr_mode>

功能：将寄存器 Rd 中的数据的低 16 位写入 addr_mode 提供的指定内存单元。

【例 3-26】 半字数据存储指令应用举例。

STRH R0,[R1]   ;将 R0 中的半字(低 16 位)数据写入 R1 地址开始的两个字节单元中
STRH R0,[R1,#6]   ;将 R0 中的半字数据(低 16 位)写入 R1+6 地址开始的两个字节单元中

这里需要说明的是，半字数据传送时，存储器的地址必须是偶地址。

4）双字数据加载/存储指令

（1）双字数据加载指令。

双字数据加载指令的语法格式如下：

LDRD[<cond>]<Rd>,<Rn>,<addr_mode>

功能：将 addr_mode 指定连续地址中的低字数据加载到寄存器 Rd 中，高字数据加载到寄存器 Rn 中。

注意：Rd 与 Rn 不能为同一寄存器。

【例 3-27】 双字数据加载指令应用举例。

LDRD R1,R2,[R0]   ;将起始地址为 R0 的低字数据加载到 R1 中,高字单元数据加载到 R2 中
LDRD R0,R1,[R1,#6]   ;将起始地址为 R1+6 的低字数据加载到 R0 中,高字单元数据加载到 R1 中

（2）双字数据存储指令。

双字数据存储指令的语法格式如下：

STRD[<cond>]<Rd>,<Rn>,<addr_mode>

功能：将寄存器 Rd 中的字数据存储到 addr_mode 提供的指定字存储单元中，将寄存器 Rn 中的字数据存储到 addr_mode 提供的指定字存储单元的下一字存储单元中。

【例 3-28】 双字数据存储指令应用举例。

STRD R0,R2,[R1]   ;将 R0 中的字数据存储到 R1 指定地址的字存储单元中,将 R2 中的字数
                      ; 据存储到 R1+4 指定地址的字存储单元中

STRD R0,R2,[R1,#6] ;将 R0 中的字数据存储到 R1+6 指定地址的字存储单元中,将 R2 中的字数据存储到 R1+6 指定地址的下一个字存储单元中

3. 批量数据加载/存储指令

批量数据加载/存储指令可以实现在连续的存储器单元和多个寄存器之间传送数据。该类指令主要用于现场保护、数据复制和参数传递等。它们特别适合两种情况：堆栈操作和数据块传送。

1）数据块加载/存储指令

（1）数据块加载指令。

数据块加载指令的语法格式如下：

LDM<mode>[<cond>]<Rn>[<!>],<reglist>

功能：将数据从 Rn 指示的连续存储单元读到寄存器列表所指示的多个寄存器中。

其中：

① <mode>为地址处理方式后缀，在数据块传送时基址寄存器 Rn 的值可以随着数据的传送而发生变化，根据变化方式的不同，其地址处理方式选项可为每次传送后地址增加（Increase After，IA）和每次传送前地址减小（Decrease Before，DB）。

（a）LDM、LDMFD、LDMIA 的含义相同，因 FD 表示满递减堆栈，所以 LDMFD 表示从满递减堆栈中加载数据到寄存器。

（b）LDMEA、LDMDB 的含义相同，因 EA 表示空递增堆栈，所以 LDMEA 表示从空递增堆栈中加载数据到寄存器。

② <Rn>为基址寄存器，装有传送数据的初始地址，Rn 不允许为 R15。

③ <!>为可选后缀，若有<!>，则表示最终的地址要被写回到 Rn 中。

④ <reglist>是寄存器列表，可以是 R0~R15 的任意组合。不同寄存器间用逗号分隔，完整的寄存器列表包含在"{}"中，编号低的寄存器对应内存中的低地址单元，编号高的寄存器对应内存中的高地址单元。

注意：无论寄存器在寄存器列表中如何排列，都将遵循该规则。这里 Rn 不能是 PC；<reglist>中若有 LR，则不能有 PC。

【例 3-29】 数据块加载指令应用举例。

LDMIA R8,{R0,R2,R6}　　　 ;将起始地址为 R8 的内存单元中的字数据按增址传送,依次读到寄存器 R0、R2 和 R6 中,R8 中的内容保持不变

LDMDB R8!,{R0,R2,R6}　　 ;将起始地址为 R8 的内存单元中的字数据按减址传送,依次传送到寄存器 R6、R2 和 R0 中,R8 中的内容为最终修改后的新地址

数据块加载指令使用示例如图 3-6 所示。

（2）数据块存储指令。

数据块存储指令的语法格式如下：

STM<mode>[<cond>]<Rn>[<!>],<reglist>

功能：将寄存器列表指示的多个寄存器中的数据写入由 Rn 指示的连续存储单元中。

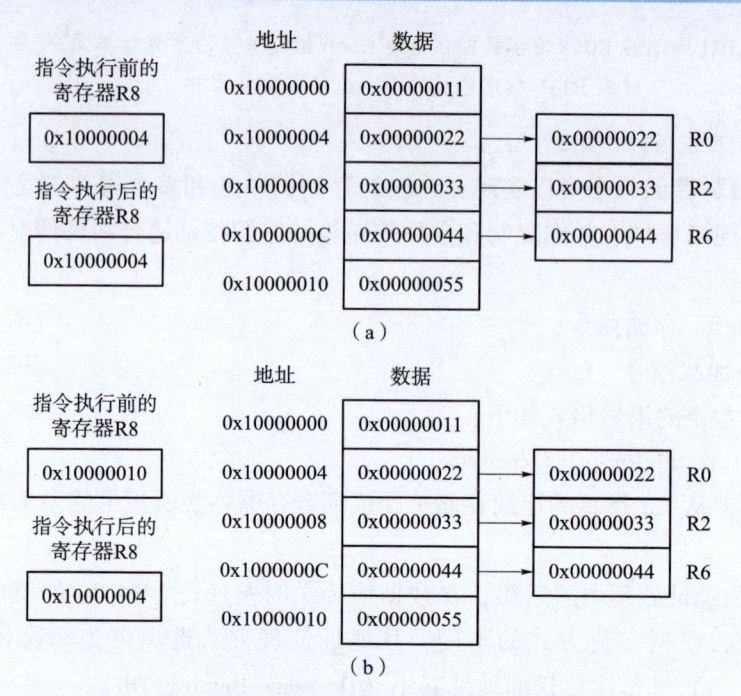

图 3-6 LDMIA/LDMDB 指令使用示例

(a) LDMIA 使用示例；(b) LDMDB 使用示例

注意：

（1）<reglist>中不能包含 PC；

（2）STM、STMEA、STMIA 的含义相同，STMEA 表示将寄存器中的数据写入空递增堆栈；

（3）STMFD、STMDB 的含义相同，STMFD 表示将寄存器中的数据写入满递减堆栈。

【例 3-30】 数据块存储指令应用举例。

STMIA R8,{R0,R2,R6}　　；将 R0、R2 和 R6 的值依次写入 R8 指示地址开始的连续存储单元中

数据块存储指令使用示例如图 3-7 所示。

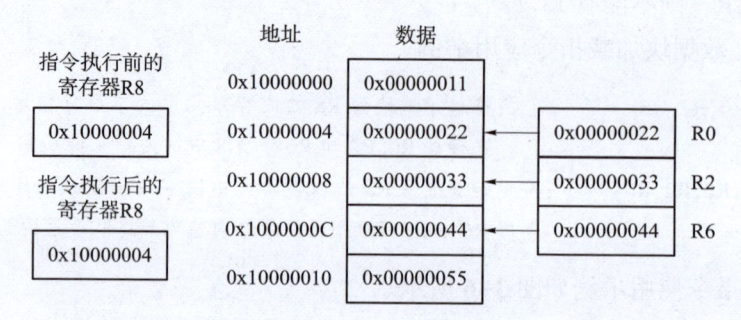

图 3-7 STMIA 指令使用示例

2）堆栈操作指令

堆栈操作指令是对 ARM 默认的满递减堆栈进行数据入栈和出栈操作。

（1）入栈操作指令。

入栈操作指令的语法格式如下：

PUSH[<cond>]<reglist>

功能：将寄存器列表中的各寄存器中的数据压入 SP 指向的栈区，小编号寄存器对应存储器低地址，大编号寄存器对应存储器高地址。

<reglist>中不能包含 SP 和 PC。

（2）出栈操作指令。

出栈操作指令的语法格式如下：

POP[<cond>]<reglist>

功能：将 SP 指向的栈区中的数据弹出到寄存器列表的各寄存器中，小编号寄存器对应存储器低地址，大编号寄存器对应存储器高地址。

<reglist>中若有 LR，则不能有 PC。

注意：当指令 STMDB 和 LDMIA 访问的存储器基址是 SP，并且最终地址写入 SP 时，其含义与 PUSH 和 POP 指令相同。在此情况下，常使用 PUSH 和 POP 指令。

【例 3-31】 堆栈操作指令应用举例。

（1）PUSH{R1-R3}　　　　;将 R3、R2、R1 中的数据压入堆栈，入栈操作示意如图 3-8 所示

（2）PUSH{R3,R5,LR}　　;将 LR、R5、R3 中的数据压入堆栈

（3）POP{R3,R5,PC}　　　;将 SP 指向的栈区中的数据弹回到寄存器 R3、R5、PC 中，出栈操作示意
　　　　　　　　　　　　　如图 3-8 所示

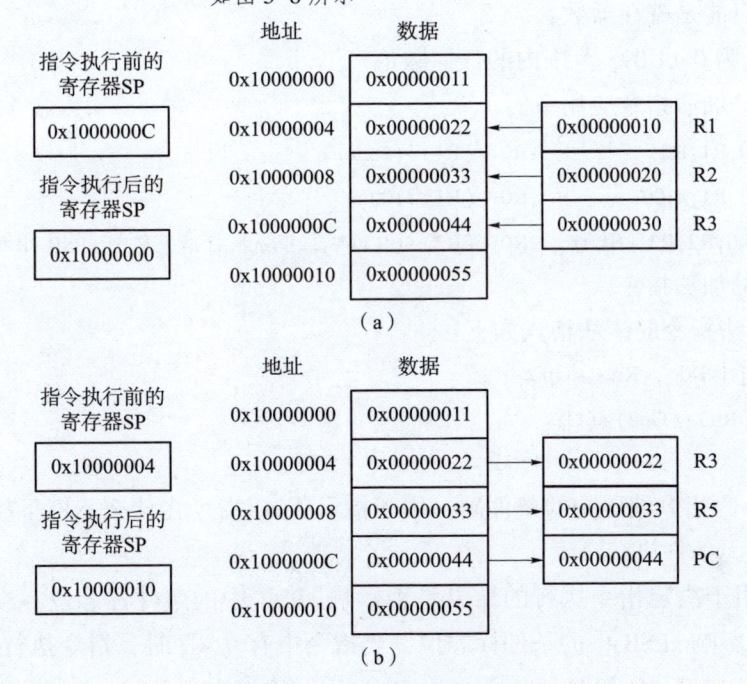

图 3-8 入栈/出栈操作示意

(a) 入栈操作示意；(b) 出栈操作示意

3.4.3 数据处理类指令

数据处理类指令包括算术运算、逻辑运算等指令。
算术运算指令主要指加法类和减法类指令，用于实现两个 32 位数据的相加或相减操作。

1. 加法类指令

1）加法指令

加法指令的语法格式如下：

（1）ADD[<cond>][s][<Rd>,]<Rn>,<Op2>

（2）ADD[cond][Rd,]Rn,#imm12

功能：Rd←(Rn)+(Op2)/#imm12。

其中：

（1）<cond>为指令编码中的条件码，用于指示 ADD 指令在什么条件下执行，当<cond>缺省时，指令为无条件执行；

（2）[s] 用于决定指令的执行结果是否影响 xPSR 中的条件标志位，当 [s] 缺省时，指令执行结果不影响 xPSR 中的条件标志位，当指令中有 [s] 时，指令执行结果影响 xPSR 中的条件标志位 N、Z、C 和 V，若结果为正数，则 C=1，否则 C=0，若有符号数运算产生溢出，则 V=1，否则 V=0；

（3）<Rd>只能是寄存器数；

（4）<Rn>只能是寄存器数；

（5）imm12 为 0~4 095 范围内的任何数值。

【例 3-32】 加法指令应用举例。

（1）ADD R0,R1,R2   ;R0←(R1)+(R2)

（2）ADD R0,R1,#100   ;R0←(R1)+100

（3）ADDS R0,R2,R3,LSL#1   ;R0←(R2)+(R3)*2,指令执行结果影响 xPSR 中相应的条件标志位

2）带进位的加法指令

带进位的加法指令的语法格式如下：

ADC[<cond>][s]<Rd>,<Rn>,<Op2>

功能：Rd←(Rn)+(Op2)+(C)。

其中：

（1）<cond>为指令编码中的条件码，用于指示 ADC 指令在什么条件下执行，当<cond>缺省时，指令为无条件执行；

（2）[s] 用于决定指令的执行结果是否影响 xPSR 中的条件标志位，当 [s] 缺省时，指令执行结果不影响 xPSR 中的条件标志位，当指令中有 [s] 时，指令执行结果影响 xPSR 中的条件标志位 N、Z、C 和 V；

（3）<Rd>只能是寄存器数；

（4）<Rn>只能是寄存器数。

带进位的加法指令常用于多字的加法运算。

【例 3-33】 实现两个双字（64 位）数据相加。将寄存器 R2 和 R3 中的 64 位数与寄存器 R0 和 R1 中的 64 位数相加，结果存放在寄存器 R4 和 R5 中（注：寄存器 R0、R2、R4 分别存放双字数据的低字）。

（1）ADDS R4,R2,R0   ;低字相加
（2）ADC R5,R3,R1   ;高字相加

【例 3-34】 实现两个四字（128 位）数据相加。
第 1 个四字（128 位）数据：按字由低到高顺序存放于寄存器 R4、R5、R6 和 R7 中。
第 2 个四字（128 位）数据：按字由低到高顺序存放于寄存器 R8、R9、R10 和 R11 中。
相加结果（128 位）：按字由低到高顺序存放于寄存器 R0、R1、R2 和 R3 中。

ADDS R0,R4,R8   ;低字相加
ADCS R1,R5,R9   ;加下一个字,带进位
ADCS R2,R6,R10   ;加第 3 个字,带进位
ADCS R3,R7,R11   ;加高字,带进位

2. 减法类指令

1）减法指令
减法指令的语法格式如下：
（1）SUB[<cond>][s][<Rd>,]<Rn>,<Op2>
（2）SUB[cond][Rd,] Rn,#imm12

功能：Rd←(Rn)-(Op2)/#imm12。

其中：
（1）<cond>为指令编码中的条件码，用于指示 SUB 指令在什么条件下执行，当<cond>缺省时，指令为无条件执行；
（2）[s]用于决定指令执行的结果是否影响 xPSR 中的条件标志位，当[s]缺省时，指令执行结果不影响 xPSR 中的条件标志位，当指令中有[s]时，指令执行结果影响 xPSR 中的条件标志位 N、Z、C 和 V。这里应注意条件标志位 C 的设置，若减法运算时没有借位产生，则 C=1，若有借位产生，则 C=0，C 在这里作为非借位标志；
（3）<Rd>只能是寄存器数；
（4）<Rn>只能是寄存器数；
（5）imm12 为 0~4 095 范围内的任何数值。

【例 3-35】 减法指令应用举例。
（1）SUB R0,R1,R2   ;R0←(R1)-(R2)
（2）SUB R0,R1,#100   ;R0←(R1)-100
（3）SUB R0,R2,R1,LSL#1   ;R0←(R2)-(R1)*2

2）带借位的减法指令
指令的语法格式如下：
SBC[<cond>][s]<Rd>,<Rn>,<Op2>

功能：Rd←(Rn)-(Op2)-NOT(C)。

其中：

（1）<cond>为指令编码中的条件码，用于指示 SBC 指令在什么条件下执行，当<cond>缺省时，指令为无条件执行；

（2）[s] 用于决定指令执行的结果是否影响 xPSR 中的条件标志位，当[s]缺省时，指令执行结果不影响 xPSR 中的条件标志位，当指令中有[s]时，指令执行结果影响 xPSR 中的条件标志位 N、Z、C 和 V；

（3）<Rd>只能是寄存器数；

（4）<Rn>只能是寄存器数。

带借位的减法指令常用于多字的减法运算。

【例 3-36】 实现两个 64 位数相减。将存放在寄存器 R1 和 R0 中的数减去存放在寄存器 R3 和 R2 中的数，结果存入寄存器 R1 和 R0 中。

（1）SUBS R1,R1,R3　　　　;低字相减

（2）SBC R0,R0,R2　　　　;高字相减

3）逆向减法指令

逆向减法指令的语法格式如下：

RSB[<cond>][s]<Rd>,<Rn>,<Op2>

功能：Rd←(Op2)-(Rn)。

其中：

（1）<cond>为指令编码中的条件码，用于指示 RSB 指令在什么条件下执行，当<cond>缺省时，指令为无条件执行；

（2）[s] 用于决定指令执行的结果是否影响 xPSR 中的条件标志位，当[s]缺省时，指令执行结果不影响 xPSR 中的条件标志位，当指令中有[s]时，指令执行结果影响 xPSR 中的条件标志位 N、Z、C 和 V；

（3）<Rd>只能是寄存器数；

（4）<Rn>只能是寄存器数。

【例 3-37】 逆向减法指令应用举例。

（1）RSB R0,R1,R2　　　　;R0←(R2)-(R1)

（2）RSB R0,R1,#250　　　;R0←250-(R1)

（3）RSB R0,R1,R2,LSL#2　;R0←(R2)*4-(R1)

3. 比较类指令

比较类指令通常用于将一个寄存器中的数与一个 32 位的数进行比较，比较结果更新 xPSR 中的条件标志位，但不影响寄存器的内容。比较类指令更新 xPSR 中的条件标志位后，其他指令可以通过条件码来改变程序的执行顺序。对于比较指令，不需要使用 s 后缀即可改变条件标志位的值。

1）比较指令

比较指令的语法格式如下：

CMP[<cond>]<Rd>,<Op2>

功能：将操作数 Rd 的值减去操作数 Op2 的值，结果影响 xPSR 中相应的条件标志位 N、Z、C 和 V。

其中：

(1) <cond>为指令编码中的条件码，用于指示 CMP 指令在什么条件下执行，当<cond>缺省时，指令为无条件执行；

(2) <Rd>只能是寄存器数。

【例 3-38】 比较指令应用举例。

(1) CMP R1,R2　　　　　　；(R1)-(R2)的结果影响 xPSR 中相应的条件标志位

(2) CMP R0,#20　　　　　　；(R0)-20 的结果影响 xPSR 中相应的条件标志位

CMP 指令进行一次减法运算，并更改 xPSR 中的条件标志位。其与 SUBS 指令的区别在于 CMP 指令不存储运算结果。通常，在进行两个数据大小的判断时，常用 CMP 指令及相应的条件码来操作。

2) 负数比较指令

负数比较指令的语法格式如下：

CMN[<cond>]<Rd>,<Op2>

功能：将操作数 Rd 的值减去操作数 Op2 的负值，结果影响 xPSR 中相应的条件标志位 N、Z、C 和 V。

其中：

(1) <cond>为指令编码中的条件码，用于指示 CMN 指令在什么条件下执行，当<cond>缺省时，指令为无条件执行；

(2) <Rd>只能是寄存器数；

(3) <Op2>可以是立即数或寄存器数。

【例 3-39】 负数比较指令应用举例。

(1) CMN R1,R0　　　　　　；(R1)+(R0)的结果影响 xPSR 中相应的条件标志位

(2) CMN R0,#200　　　　　；(R0)+200 的结果影响 xPSR 中相应的条件标志位

4. 逻辑运算指令

逻辑运算指令是对操作数按位进行操作的指令，位与位之间无进位或借位。

1) 逻辑与指令

逻辑与指令的语法格式如下：

AND[<cond>][s][<Rd>,]<Rn>,<Op2>

功能：将操作数 Rn 的值与操作数 Op2 的值按位相与，结果存入寄存器 Rd 中，执行结果影响 xPSR 中的条件标志位 N 和 Z，计算操作数 Op2 时更新标志位 C，不影响标志位 V。

根据逻辑与的运算规则，任何二进制位与 1 相与均保持不变，与 0 相与结果为 0。因此，AND 指令常用于需要将某数的特定位清零的场合。

【例 3-40】 逻辑与指令应用举例。

(1) 将寄存器 R0 中的高位清零，保留最低两位。

AND R0,R0,#3

(2) 将寄存器 R1 中的低 8 位清零，保留高 24 位，结果存入 R0。

AND R0,R1,#0xFFFFFF00

2) 逻辑或指令

逻辑或指令的语法格式如下：

ORR[<cond>][s][<Rd>,]<Rn>,<Op2>

功能：将操作数 Rn 的值与操作数 Op2 的值按位相或，结果存入寄存器 Rd 中，执行结果影响 xPSR 中的条件标志位 N 和 Z，计算操作数 Op2 时更新标志位 C，不影响标志位 V。

根据逻辑或的运算规则，任何二进制位与 0 相或均保持不变，与 1 相或结果为 1。因此，ORR 指令常用于需要将某数的特定位置位的场合。

【例 3-41】 逻辑或指令应用举例。

(1) 保留寄存器 R1 中的高位不变，将最低 2 位置位。

ORR R1,R1,#3

(2) 保留寄存器 R1 中的高 24 位不变，将低 8 位置位，结果存入寄存器 R2 中。

ORR R2,R1,#0x000000FF

(3) 将寄存器 R2 中的高 8 位数据移到寄存器 R3 的低 8 位中，R3 中原来的低 8 位数据移到高 8 位中。

MOV R1,R2,LSR#24
ORR R3,R1,R3,LSL#24

3) 逻辑异或指令

逻辑异或指令的语法格式如下：

EOR[<cond>][s][<Rd>,]<Rn>,<Op2>

功能：将操作数 Rn 的值与操作数 Op2 的值按位相异或，结果存入寄存器 Rd 中，执行结果影响 xPSR 中的条件标志位 N 和 Z，计算操作数 Op2 时更新标志位 C，不影响标志位 V。

根据逻辑异或运算的规则，任何二进制位与 0 相异或均保持不变，与 1 相异或则位取反。两个相同的二进制位的异或结果为 0，不同的二进制位的异或结果为 1。因此，EOR 指令常用于需要将某数的特定位取反的场合。

【例 3-42】 逻辑异或指令应用举例。

(1) 将寄存器 R1 中的最低 3 位取反，其他位保留。

EOR R1,R1,#7

(2) 将寄存器 R2 中的低 8 位取反，保留高位，结果存入寄存器 R3。

EOR R3,R2,#0x0FF

(3) 将寄存器 R1 与寄存器 R3 相异或，结果存入寄存器 R2，并更新 xPSR 中的状态标志位。

EORS R2,R1,R3

5. 位清零指令

位清零指令的语法格式如下：

BIC[<cond>][s]<Rd>,<Rn>,<Op2>

功能：将操作数 Rn 的值与操作数 Op2 的值中相应位的反码相与，结果存入寄存器 Rd 中，执行结果影响 xPSR 中的条件标志位 N 和 Z，计算操作数 Op2 时更新标志位 C，不影响标志位 V。因此，BIC 指令常用于清除某操作数中的相应位，其余位保持不变。

【例 3-43】 位清零指令应用举例。

（1）将寄存器 R2 中的位 0、位 2 和位 5 清零，其余位保留。

BIC R2,R2,#0x25

（2）将寄存器 R0 清零。

BIC R0,R0,#0xFFFFFFFF

6. 测试指令

1）位测试指令

位测试指令的语法格式如下：

TST[<cond>]<Rn>,<Op2>

功能：将操作数 Rn 的值与操作数 Op2 的值按位相与，根据执行结果影响 xPSR 中的条件标志位 N 和 Z。

TST 指令的功能与 ANDS 指令相同，区别在于 TST 指令不保存运算结果。

在实际应用中，TST 指令常用于检测某操作数中是否设置了特定位。一般情况下，操作数 Rn 是要测试的数据，而操作数 Op2 提供掩码（掩码是一串二进制代码，对目标字段进行位与运算，屏蔽当前的输入位）。

【例 3-44】 测试寄存器 R0 中最低位的状态。

TST R0,#1

该指令将寄存器 R0 中的数据与二进制数 1 按位相与，根据执行结果影响 xPSR 中的条件标志位，用于测试寄存器 R0 的最低位是否置位。

2）测试相等指令

测试相等指令的语法格式如下：

TEQ[<cond>]<Rn>,<Op2>

功能：将操作数 Rn 的值与操作数 Op2 的值按位相异或，根据执行结果影响 xPSR 中的条件标志位。

TEQ 指令的功能与 EORS 指令的相同，区别在于 TEQ 指令不保存运算结果。

TEQ 指令常用于比较两个操作数是否相等。

【例 3-45】 测试寄存器 R0 与寄存器 R1 中的操作数是否相等。

TEQ R0,R1

若指令执行结果使 xPSR 中的条件标志位 Z=1，则表示寄存器 R0 与寄存器 R1 中的操作数是相等的；若 Z=0，则表示不相等。

7. 乘法指令

乘法指令是将一对寄存器的内容相乘，然后根据指令类型把运算结果存放到其他寄存器中。微处理器支持的乘法指令与乘加指令共有 6 条，根据运算结果可分为 32 位运算和 64 位运算两类。64 位乘法指令又称长整型乘法指令，由于运算结果太大，不能放在一个 32 位的寄存器中，所以把结果存放在两个 32 位的寄存器 Rdlo 和 Rdhi 中。Rdlo 存放低 32 位，Rdhi 存放高 32 位。与前述的数据处理指令不同，乘法指令中的所有源操作数和目的寄存器都必须为通用寄存器，不能为立即数或被移位的寄存器。同时，目的寄存器 Rd 和源操作数 Rm 必须是不同的寄存器。

1）32 位乘法指令

32 位乘法指令的语法格式如下：

MUL[<cond>][s]<Rd>,<Rm>,<Rs>

功能：将操作数 Rm 与操作数 Rs 中的值相乘，并把运算结果的低 32 位保存到寄存器 Rd 中。其中：

（1）<cond>为指令编码中的条件码，用于指示 MUL 指令在什么条件下执行，当<cond>缺省时，指令为无条件执行；

（2）[s] 用于决定指令执行结果是否影响 xPSR 中的条件标志位，当 [s] 缺省时，指令执行结果不影响 xPSR 中的条件标志位；

当指令中有 s 时，需要注意：

① Rd、Rm 和 Rs 必须是 R0~R7 中的任一寄存器；

② Rd 必须与 Rs 相同；

③ 不能使用<cond>后缀；

④ 执行结果影响 N 和 Z。

【例 3-46】 32 位乘法指令应用举例。

（1） MUL R0,R1,R2　　　　　;R0←(R1)×(R2)

（2） MULS R0,R1,R0　　　　　;R0←(R1)×(R0)，同时设置 xPSR 中的相应条件标志位

2）32 位乘加指令

32 位乘加指令的语法格式如下：

MLA[<Cond>]<Rd>,<Rm>,<Rs>,<Rn>

功能：将操作数 Rm 与操作数 Rs 中的值相乘，再将乘积加上 Rn 的值，并把运算结果的低 32 位保存到寄存器 Rd 中。

【例 3-47】 32 位乘加指令应用举例。

MLA R0,R1,R2,R3　　　　　;R0←(R1)×(R2)+(R3)

3）64 位有符号数乘法指令

64 位有符号数乘法指令的语法格式如下：

SMULL[<cond>]<Rdlo>,<Rdhi>,<Rm>,<Rs>

功能：将有符号操作数 Rm 与有符号操作数 Rs 中的值相乘，并把乘积的低 32 位保存到寄存器 Rdlo 中，高 32 位保存到寄存器 Rdhi 中。

【例 3-48】 64 位有符号数乘法指令应用举例。

SMULL R0,R1,R2,R3　　　　　;R0←(R2)×(R3)的低 32 位
　　　　　　　　　　　　　　;R1←(R2)×(R3)的高 32 位

4）64 位有符号数乘加指令

64 位有符号数乘加指令的语法格式如下：

SMLAL[<cond>][s]<Rdlo>,<Rdhi>,<Rm>,<Rs>

功能：将有符号操作数 Rm 与有符号操作数 Rs 中的值相乘，再将 64 位乘积的低 32 位与 Rdlo

相加，结果保存在寄存器 Rdlo 中，乘积的高 32 位与 Rdhi 相加，结果保存在寄存器 Rdhi 中。

【例 3-49】 64 位有符号数乘加指令应用举例。

SMLAL R0,R1,R2,R3 　　　　;R0←(R2)×(R3)的低 32 位+(R0)
　　　　　　　　　　　　　;R1←(R2)×(R3)的高 32 位+(R1)

5）64 位无符号数乘法指令

64 位无符号数乘法指令的语法格式如下：

UMULL[<cond>][s]<Rdlo>,<Rdhi>,<Rm>,<Rs>

功能：将无符号操作数 Rm 与无符号操作数 Rs 中的值相乘，并把乘积的低 32 位保存到寄存器 Rdlo 中，高 32 位保存到寄存器 Rdhi 中。

【例 3-50】 64 位无符号数乘法指令应用举例。

UMULL R0,R1,R2,R3 　　　　;R0←(R2)×(R3)的低 32 位
　　　　　　　　　　　　　;R1←(R2)×(R3)的高 32 位

6）64 位无符号数乘加指令

64 位无符号数乘加指令的语法格式如下：

UMLAL[<cond>][s]<Rdlo>,<Rdhi>,<Rm>,<Rs>

功能：将无符号操作数 Rm 与无符号操作数 Rs 中的值相乘，再将 64 位乘积的低 32 位与 Rdlo 相加，结果保存在寄存器 Rdlo 中，乘积的高 32 位与 Rdhi 相加，结果保存在寄存器 Rdhi 中。

【例 3-51】 64 位无符号数乘加指令应用举例。

UMLAL R0,R1,R2,R3 　　　　;R0←(R2)×(R3)的低 32 位+(R0)
　　　　　　　　　　　　　;R1←(R2)×(R3)的高 32 位+(R1)

3.4.4 跳转类指令

跳转类指令又称分支指令，用于实现程序流程的跳转，这类指令可用来改变程序的执行流程或调用子程序。在 ARM 程序中可使用专门的跳转类指令，也可以通过直接向程序计数器 PC 写入跳转地址值的方法来实现程序流程的跳转。Cortex-M3 指令集中的跳转类指令可以完成从当前指令到当前指令向前或向后的 32 MB 的地址空间的跳转。

Cortex-M3 指令集中的跳转类指令如表 3-3 所示。

表 3-3 Cortex-M3 指令集中的跳转类指令

指令格式	指令类型说明	指令操作
B [<cond>] label	跳转指令	PC←label
BL [<cond>] label	带返回的跳转指令	PC←label LR←BL 后的第 1 条指令地址
BX [<cond>] <Rm>	间接跳转指令	PC←Rm(最低位为 1)
BLX [<cond>] <Rm>	带返回的间接跳转指令	PC←Rm(最低位为 1) LR←BL 后的第 1 条指令地址

1. 跳转指令

跳转指令的语法格式如下：

B[<cond>]<label>

功能：使程序跳转到指定目标地址执行。

其中：

（1）<label>为指令跳转的目标地址；

（2）指令实现在当前指令的±16 MB 范围内的跳转。

【例 3-52】 跳转指令应用举例。

（1） B AGAIN   ;跳转到 AGAIN 标号对应的地址处执行
（2） CMP R1,#0   ;根据比较结果设置 xPSR 的条件标志位
       BNE NEXT   ;当 xPSR 中的条件标志位 Z=0 时，跳转到 NEXT 标号对应的地址处执行

2. 带返回的跳转指令

带返回的跳转指令的语法格式如下：

BL[<cond>]<label>

功能：将当前程序计数器 PC 的值（下一条指令的地址）传送到 R14（LR）中保存，并使 ARM 跳转到指定目标地址执行程序。

其中：

（1）<label>为指令跳转的目标地址；

（2）指令实现在当前指令的±16 MB 的范围内的跳转。

【例 3-53】 带返回的跳转指令应用举例。

（1） BL NEXT   ;调用标号为 NEXT 的子程序执行,并将当前的 PC 值存入 R14(LR)中
（2） CMP R0,#5
       BLLT SUB1   ;若 R0<5,则调用标号为 SUB1 的子程序执行,调用结束返回到 MOV 指令执行
       MOV R0,R1

BL 指令常用于实现子程序调用，子程序的返回可以通过将 R14（LR）寄存器中的值复制到程序计数器 PC 来实现。

3. 间接跳转指令

间接跳转指令的语法格式如下：

BX[<cond>]<Rm>

功能：使程序跳转到 Rm 指定的地址执行。

其中：<Rm>是含有转移地址的寄存器。Rm 中的高 31 位是转移地址，最低位必须置 1 才能保证指令的正确执行。

【例 3-54】 间接跳转指令应用举例。

MOV R5,#0x00120005
BX R5   ;程序转移到 R5 指定的地址执行

4. 带返回的间接跳转指令

带返回的间接跳转指令的语法格式如下：

BLX[<cond>]<Rm>

功能：将程序跳转到由 Rm 指定的目标地址处执行，Rm 最低位必须置 1 才能保证指令的正确执行，同时将程序计数器 PC 的当前值保存到寄存器 R14（LR）中。

【例 3-55】 带返回的间接跳转指令应用举例。

（1） MOV R3,#0x32000021
　　　 BLX R3　　　　　 ;程序跳转到寄存器 R3 指定的地址处执行，并将 BLX 指令的下一条指令地址
　　　　　　　　　　　　　 传送到 R14(LR)中保存
（2） BLX SUB　　　　　 ;调用入口地址标号为 SUB 的子程序，并将当前 PC 值传送到 R14(LR)中保存

3.4.5 转移类指令

数据处理类指令可以更新条件标志位。这些标志位（4 位）及其组合（15 种情况）可以当作条件转移的判断依据，如表 3-4 所示。

表 3-4　转移条件

符号	条件	关系到的标志位
EQ	相等	Z==1
NE	不等	Z==0
CS/HS	进位；无符号数高于或相同	C==1
CC/LO	未进位；无符号数低于	C==0
MI	负数	N==1
PL	非负数	N==0
VS	溢出	V==1
VC	未溢出	V==0
HI	无符号数大于	C==1 && Z==0
LS	无符号数小于或等于	C==0 || Z==1
GE	有符号数大于或等于	N==V
LT	有符号数小于	N！=V
GT	有符号数大于	Z==0 && N==V
LE	有符号数小于或等于	Z==1 || N！=V
AL	总是	—

例如：

BEQ label　　　　　　　 ;当 Z=1(相等)时转移到 label 处

3.4.6 其他指令

ARM 支持的特殊寄存器访问指令，可直接控制特殊寄存器，用于特殊寄存器和通用寄

存器之间的数据传送。特殊寄存器访问指令如表3-5所示。

表3-5 特殊寄存器访问指令

指令格式	指令类型说明	指令操作
MRS［<cond>］<Rd>,<spec_reg>	读特殊寄存器指令	Rd←spec_reg
MSR［<cond>］<spec_reg>,<Rm>	写特殊寄存器指令	spec_reg ← Rm

1. 读特殊寄存器指令

读特殊寄存器指令的语法格式如下：

MRS[<cond>]<Rd>,<spec_reg>

功能：将特殊寄存器中的内容传送到通用寄存器中。

其中：

（1）<Rd>为寄存器数，不允许为 SP、PC；

（2）<spec_reg>可以是 APSR、IPSR、EPSR、IEPSR、IAPSR、EAPSR、PSR、MSP、PSP、PRIMASK、BASEPRI、BASEPRI_MAX、FAULTMASK 或 CONTROL。

【例3-56】读特殊寄存器指令应用举例。

（1）MRS R0,APSR   ;将 APSR 内容传送到寄存器 R0 中

（2）MRS R1,PRIMASK   ;将 PRIMASK 内容传送到寄存器 R1 中

当需要改变特殊寄存器中的内容时，可用 MRS 指令将特殊寄存器中的内容读入通用寄存器中，修改后再写回到特殊寄存器中。

2. 写特殊寄存器指令

写特殊寄存器指令的语法格式如下：

MSR[<cond>]<spec_reg>,<Rm>

功能：将 Rm 中的内容传送到特殊寄存器中。

其中：

（1）<spec-reg>为寄存器数，不允许为 SP、PC；

（2）<spec_reg>可以是 APSR、IPSR、EPSR、IEPSR、IAPSR、EAPSR、PSR、MSP、PSP、PRIMASK、BASEPRI、BASEPRI_MAX、FAULTMASK 或 CONTROL。

【例3-57】写特殊寄存器指令应用举例。

（1）MSR CONTROL,R0   ;将 R0 中的内容传送到 CONTROL 中

（2）MSR APSR,R1   ;将 R1 中的内容传送到 APSR 中

MSR 指令通常用于恢复或改变特殊寄存器中的内容。

将 MRS 与 MSR 指令配合使用，可以实现 xPSR 寄存器的"读—修改—写"操作，可用于处理器中的相关设置。

第 4 章 基于 Cortex-M3 的汇编语言程序设计

4.1 汇编语言程序设计

4.1.1 汇编语言与汇编器

计算机硬件只能接收和识别二进制编码形式的机器指令，也就是说，计算机的硬件只能运行使用机器语言编写的程序。由于机器语言不具备通用性，不同型号的计算机所用的机器语言不同。为此，引入了汇编语言和高级语言。

1. 汇编语言

汇编语言采用助记符指令编程，是一种面向处理器内核指令系统的程序设计语言。与机器语言程序相比，汇编语言程序较直观、易编程、易维护，但不能被计算机直接识别和运行，必须借助汇编器，汇编器将汇编语言源程序翻译成机器语言程序，即目标代码，这样程序才能被处理器内核执行。

早期，人们把助记符指令和对应的机器指令编制成指令对照表，在用助记符指令编写完程序后，还要靠人工依照指令对照表把助记符指令翻译成机器指令，并且在翻译过程中还要完成程序区地址、数据区地址、转移目标地址的安排及文件的连接等工作，最后才能把程序以机器码的形式输入计算机运行。汇编程序是一种软件工具，用汇编程序翻译汇编语言源程序的过程称为汇编。

2. 汇编器

由于上述人工汇编的工作极其枯燥、乏味，并且容易出错，于是人们就编写了一种专门用于汇编的软件,把汇编工作交给计算机去完成,而编程者只要输入助记符指令就可以了。这个专门用来进行汇编的软件就称为汇编器。

汇编工作不仅仅是把助记符指令简单地翻译成机器指令,在这个翻译过程中,还需要为程序分段、定义段属性、为程序段和数据段分配内存空间、对汇编器的汇编工作进行指导等。为此,人们设计了一些专门用于指导汇编器进行汇编工作的指令,由于这些指令不形成机器码指令,它们只在汇编器进行汇编工作的过程中起管理作用,所以称为伪指令操作。除了伪指令操作,为了提高编程效率和增强程序的可读性,人们还设计了一些宏指令。使用伪指令操作、宏指令和前面所学的指令系统中的助记符指令,再加上相应的语言规范编制的程序就称为汇编语言源程序(Assembly Language Program)。用汇编器将汇编语言源程序翻译成的机器代码程序就称为目标程序。

4.1.2 汇编语言程序规范

1. 汇编语言源程序的结构

这里先给出一个简单的 Cortex-M3 汇编语言源程序实例(程序的功能是将存储器中的两个字数据相加,运行结果存入指定存储器单元)。

```
;..........................................
    AREA DATAFIELD,DATA,READWRITE          ;数据程序段
    DATA   DCB   0xFC
    MASK DCD    0x000F
;..........................................
STACK_TOP EQU 0x00002000
    AREA WADD,CODE                         ;代码程序段
    DCD STACK_TOP
    DCD START
    ENTRY
START
    LDR R0,DATA
    LDR R1,MASK
    MOV R2,R0
    MOV R3,R1
    ADD R0,R2,R3
    STR R0,[R1]
;..........................................
    END                                    ;汇编结束
```

从上面的实例程序中可以看出:

(1) 一个汇编语言源程序是分段编写的,每一个段有一个名称,并以段定义伪指令操作 AREA 和 END 标记段的开始和结束;

(2) 一个汇编语言源程序由若干个段组成,每个段由若干条语句组成,每条语句需按规范编写;

2. 语句的构成与规范

1)语句的构成

Cortex-M3 汇编语言程序由以下 3 种类型的语句组成。

（1）指令语句：以 Cortex-M3 指令系统的助记符指令为基础构成。经汇编后将产生相对应的机器代码构成目标程序，让机器执行。

（2）伪指令操作语句：为汇编语言程序和连接程序提供一些必要的控制信息。由伪指令操作构成的管理性语句，其对应的伪操作是在汇编过程中完成的，汇编后不产生机器代码。

（3）宏指令语句：编程者根据需要，按宏指令的定义规则，将程序中一组反复出现的指令定义为一条宏指令。所定义的宏指令可代替程序中被定义的一组指令，从而使源程序的书写变得简洁。宏指令语句经汇编后再还原为这一组指令所对应的目标代码。

2)语句的格式与规范

Cortex-M3 汇编语言的语句格式如下：

[标号]指令或伪指令操作或宏指令[;注释]

其中：[ ] 括起的为可选项。

在汇编语言程序设计中，每一条指令的助记符可以全部用大写或全部用小写，但不允许在一条指令中出现助记符大、小写混用的情况。

同时，如果一条语句太长，则可将该长语句分为若干行来书写，在行的末尾用"\"表示下一行与本行为同一条语句。

4.1.3 汇编语言程序中常用的符号

在汇编语言程序设计中，经常使用各种符号来表示地址、变量和常量等，以增强程序的可读性。符号的命名由编程者设定，但必须遵循以下规定：

（1）符号区分大、小写，同名的大、小写的符号会被编译器认为是两个不同的符号；

（2）符号在其作用范围内必须唯一；

（3）自定义的符号名不能与系统的保留字相同；

（4）符号名不应与指令或伪指令操作同名。

1. 变量

变量是指其值在程序的运行过程中可以改变的量。Cortex-M3 汇编程序所支持的变量有 3 种：数字变量、逻辑变量和字符串变量。

（1）数字变量在程序运行时用来保存数字值。这里需要注意的是，数字值的大小不应超出数字变量所能表示的范围。

（2）逻辑变量在程序运行时用来保存逻辑值。逻辑值只有两种：真或假。

（3）字符串变量在程序运行时用来保存一个字符串。这里需要注意的是，字符串的长度不应超出字符串变量所能表示的范围。

在汇编语言程序设计中，可使用 GBLA、GBLL、GBLS 伪指令操作声明全局变量，使用 LCLA、LCLL、LCLS 伪指令操作声明局部变量，可使用 SETA、SETL 和 SETS 对其进行初始化。

2. 常量

常量是指其值在程序的运行过程中不能被改变的量。Cortex-M3 汇编程序所支持的常量有数字常量、逻辑常量和字符串常量。

数字常量一般为 32 位的整数，当作为无符号数时，其取值范围为 $0 \sim 2^{32}-1$；当作为有符号数时，其取值范围为 $-2^{31} \sim 2^{31}-1$。

逻辑常量只有真或假两种。

字符串常量为一个固定的字符串，一般用于程序运行时的信息提示。

3. 表达式和运算符

在汇编语言程序设计中，也经常使用各种表达式，表达式一般由变量、常量、运算符和括号构成。常用的表达式有数字表达式、逻辑表达式和字符串表达式，其运算规则如下。

（1）优先级相同的双目运算符的运算顺序为从左到右。

（2）相邻的单目运算符的运算顺序为从右到左，且单目运算符的优先级高于其他运算符。

（3）括号运算符的优先级最高。

1）数字表达式及运算符

数字表达式一般由数字常量、数字变量、数字运算符和括号构成。构成数字表达式的运算符有以下几种。

（1）算术运算符。

算术运算符有：+（加）、-（减）、*（乘）、/（除）及 MOD（求余）。

例如，用 X 和 Y 作为操作数，采用算术运算符表示的数字表达式如下。

```
X+Y         ;表示 X 与 Y 的和
X-Y         ;表示 X 与 Y 的差
X*Y         ;表示 X 与 Y 的乘积
X/Y         ;表示 X 除以 Y 的商
X MOD Y     ;表示 X 除以 Y 的余数
```

（2）移位运算符。

移位运算符有：ROL（循环左移）、ROR（循环右移）、SHL（逻辑左移）及 SHR（逻辑右移）。

例如，用 X 和 Y 作为操作数，采用移位运算符表示的数字表达式如下。

```
X ROL Y     ;表示将 X 循环左移 Y 位
X ROR Y     ;表示将 X 循环右移 Y 位
X SHL Y     ;表示将 X 逻辑左移 Y 位
X SHR Y     ;表示将 X 逻辑右移 Y 位
```

（3）按位逻辑运算符。

按位逻辑运算符有：AND（按位与）、OR（按位或）、NOT（按位非）及 EOR（按位异或）。

例如，用 X 和 Y 作为操作数，采用按位逻辑运算符表示的数字表达式如下。

```
X AND Y     ;表示将 X 和 Y 按位做逻辑与的操作
X OR Y      ;表示将 X 和 Y 按位做逻辑或的操作
NOT Y       ;表示将 Y 按位做逻辑非的操作
```

```
X EOR Y                ;表示将 X 和 Y 按位做逻辑异或的操作
```

2）逻辑表达式及运算符

逻辑表达式一般由逻辑量、逻辑运算符和括号构成，表达式的运算结果为真或假。构成逻辑表达式的运算符有以下几种。

（1）关系运算符。

关系运算符有：=（相等）、>（大于）、<（小于）、>=（大于或等于）、<=（小于或等于）、/=（不等）、<>（不等）。

例如，用 X 和 Y 作为操作数，采用关系运算符表示的逻辑表达式如下。

```
X=Y                    ;表示 X 等于 Y
x>Y                    ;表示 X 大于 Y
X<Y                    ;表示 X 小于 Y
X>=Y                   ;表示 X 大于等于 Y
X<=Y                   ;表示 X 小于等于 Y
X/=Y                   ;表示 X 不等于 Y
X<>Y                   ;表示 X 不等于 Y
```

（2）逻辑运算符。

逻辑运算符有：LAND（与）、LOR（或）、LNOT（非）及 LEOR（异或）。

例如，用 X 和 Y 作为操作数，采用逻辑运算符表示的逻辑表达式如下。

```
X LAND Y               ;表示将 X 和 Y 做逻辑与的操作
X LOR Y                ;表示将 X 和 Y 做逻辑或的操作
LNOT Y                 ;表示将 Y 做逻辑非的操作
X LEOR Y               ;表示将 X 和 Y 做逻辑异或的操作
```

3）字符串表达式及运算符

字符串表达式一般由字符串常量、字符串变量、运算符和括号构成。编译器所支持的字符串的最大长度为 512 字节。

常用的与字符串运算有关的运算符有以下几种。

（1）LEN 运算符。

LEN 运算符用来返回字符串的长度（字符数）。

若以 X 表示字符串，则采用 LEN 运算符构成的字符串表达式为

```
LEN X
```

（2）CHR 运算符。

CHR 运算符用来将 0~255 间的整数转换为一个字符。

若用 M 表示 0~255 间的某一整数，则采用 CHR 运算符构成的字符串表达式为

```
CHR M
```

（3）STR 运算符。

STR 运算符用来将一个数字表达式或逻辑表达式转换为一个字符串。对于数字表达式，STR 运算符是将其转换为一个由十六进制数组成的字符串；对于逻辑表达式，STR 运算符是

将其转换为字符串 T 或 F。

若用 X 表示一个数字表达式或逻辑表达式,则采用 STR 运算符构成的字符串表达式为

STR X

(4) LEFT 运算符。

LEFT 运算符用来返回字符串的左子串。

若用 X 表示一个字符串,用 Y 表示要返回的字符个数,则采用 LEFT 运算符构成的字符串表达式为

X LEFT Y

(5) RIGHT 运算符。

RIGHT 运算符用来返回字符串的右子串。

若用 X 表示一个字符串,用 Y 表示要返回的字符个数,则采用 RIGHT 运算符构成的字符串表达式为

X RIGHT Y

(6) CC 运算符。

CC 运算符用来将两个字符串连接成一个字符串。

若用 X 表示字符串 1,Y 表示字符串 2,则采用 CC 运算符构成的字符串表达式为

X CC Y

4) 与寄存器和程序计数器(PC)相关的表达式及运算符

(1) BASE 运算符。

BASE 运算符用来返回基于寄存器的表达式中寄存器的编号。

若用 X 表示与寄存器相关的表达式,则采用 BASE 运算符构成的表达式为

BASE X

(2) INDEX 运算符。

INDEX 运算符用来返回基于寄存器的表达式中相对于其基址寄存器的偏移量。

若用 X 表示与寄存器相关的表达式,则采用 INDEX 运算符构成的表达式为

INDEX X

5) 其他常用运算符

(1) ? 运算符。

? 运算符用来返回某代码行所生成的可执行代码的长度,其运算结果为整数。

若用 X 表示某代码行,则采用 ? 运算符构成的表达式为

? X

(2) DEF 运算符。

DEF 运算符用于判断是否定义了某个符号,其运算结果为逻辑值。

若用 X 表示某符号,则采用 DEF 运算符构成的表达式为

DEF X

4.2 汇编器的伪操作指令

在汇编语言程序里,有一些特殊指令助记符,这些助记符与指令系统的指令助记符不同,其汇编后不产生机器代码,通常称这些特殊指令助记符为伪操作指令,它们所完成的操作称为伪操作。伪操作指令在源程序中的作用是为汇编程序和连接程序提供一些必要的控制信息。源程序中的伪操作指令仅在汇编过程中起作用,一旦汇编结束,伪操作指令的使命就完成了。

汇编器支持的伪操作指令有:符号定义伪操作指令、数据定义伪操作指令、汇编控制伪操作指令、其他常用的伪操作指令及宏指令。

4.2.1 符号定义伪操作指令

符号定义(Symbol Definition)伪操作指令用于定义汇编程序中的变量、对变量赋值及定义寄存器列表名称等。

常见的符号定义伪操作指令有:
(1)定义全局变量伪操作指令 GBLA、GBLL 和 GBLS;
(2)定义局部变量伪操作指令 LCLA、LCLL 和 LCLS;
(3)变量赋值伪操作指令 SETA、SETL、SETS;
(4)定义寄存器列表名称伪操作指令 RLIST。

1. 定义全局变量伪操作指令 GBLA/GBLL/GBLS

定义全局变量伪操作指令 GBLA/GBLL/GBLS 语法格式如下:

GBLA/GBLL/GBLS 全局变量名

功能:用于定义汇编程序中的全局变量,并将其初始化。
(1) GBLA 伪操作指令用于定义一个全局的数字变量,并初始化为 0。
(2) GBLL 伪操作指令用于定义一个全局的逻辑变量,并初始化为 F(假)。
(3) GBLS 伪操作指令用于定义一个全局的字符串变量,并初始化为空。
注意:已定义的全局变量,在其作用范围内的变量名必须唯一。

【例 4-1】 定义全局变量伪操作指令应用举例。

```
(1) GBLA TEST1          ;定义一个全局的数字变量,变量名为 TEST1
    TEST1 SETA 0xAA     ;将该变量赋值为 0xAA
(2) GBLL TEST2          ;定义一个全局的逻辑变量,变量名为 TEST2
    TEST2 SETL {TRUE}   ;将该变量赋值为真
(3) GBLS TEST3          ;定义一个全局的字符串变量,变量名为 TEST3
    TEST3 SETS "Testing";将该变量赋值为"Testing"
```

2. 定义局部变量伪操作指令 LCLA/LCLL/LCLS

定义局部变量伪操作指令 LCLA/LCLL/LCLS 语法格式如下:

LCLA/LCLL/LCLS 局部变量名

功能：用于定义汇编程序中的局部变量，并将其初始化。

(1) LCLA 伪操作指令用于定义一个局部的数字变量，并初始化为 0。
(2) LCLL 伪操作指令用于定义一个局部的逻辑变量，并初始化为 F（假）。
(3) LCLS 伪操作指令用于定义一个局部的字符串变量，并初始化为空。

注意：已定义的局部变量，在其作用范围内的变量名必须唯一。

【例 4-2】 定义局部变量伪操作指令应用举例。

(1) LCLA TEST4   ;定义一个局部的数字变量,变量名为 TEST4
    TEST4 SETA 0xaa   ;将该变量赋值为 0xaa
(2) LCLL TEST5   ;定义一个局部的逻辑变量,变量名为 TEST5
    TEST5 SETL {TRUE}   ;将该变量赋值为真
(3) LCLS TEST6   ;定义一个局部的字符串变量,变量名为 TEST6
    TEST6 SETS "Testing" ;将该变量赋值为 "Testing"

3. 变量赋值伪操作指令 SETA/SETL/SETS

变量赋值伪操作指令 SETA/SETL/SETS 语法格式如下：

全局变量名/局部变量名 SETA/SETL/SETS 表达式

功能：用于给一个已经定义的全局变量或局部变量赋值。

(1) SETA 伪操作指令用于给一个数字变量赋值。
(2) SETL 伪操作指令用于给一个逻辑变量赋值。
(3) SETS 伪操作指令用于给一个字符串变量赋值。

其中：变量名为已经定义过的全局变量或局部变量，表达式为将要赋给变量的值。

【例 4-3】 变量赋值伪操作指令应用举例。

(1) LCLA TEST3   ;定义一个局部的数字变量,变量名为 TEST3
    TEST3 SETA 0xAA   ;将该变量赋值为 0xAA
(2) LCLL TEST4   ;定义一个局部的逻辑变量,变量名为 TEST4
    TEST4 SETL {TRUE}   ;将该变量赋值为真

4. 定义寄存器列表名称伪操作指令 RLIST

定义寄存器列表名称伪操作指令 RLIST 语法格式如下：

名称 RLIST{寄存器列表}

功能：用于给一个通用寄存器列表定义名称，使用该伪操作指令定义的名称可在 ARM 指令 LDM/STM 中使用。

【例 4-4】 定义寄存器列表名称伪操作指令应用举例。

REGLIST   RLIST {R0-R5,R8,R10}   ;将寄存器列表名定义为 REGLIST,可在 ARM 指令 LDM/
                                   STM 中通过该名称访问寄存器列表

4.2.2 数据定义伪操作指令

数据定义（Data Definition）伪操作指令一般用于为特定的数据分配存储单元，同时可完成对分配存储单元的初始化。

常见的数据定义伪操作指令有以下几种。

（1）DCB 用于分配一片连续的字节存储单元并用指定的数据初始化。

（2）DCW（或 DCWU）用于分配一片连续的半字存储单元并用指定的数据初始化。

（3）DCD（或 DCDU）用于分配一片连续的字存储单元并用指定的数据初始化。

（4）DCFD（或 DCFDU）用于为双精度的浮点数分配一片连续的字存储单元并用指定的数据初始化。

（5）DCFS（或 DCFSU）用于为单精度的浮点数分配一片连续的字存储单元并用指定的数据初始化。

（6）DCQ（或 DCQU）用于分配一片连续的双字存储单元并用指定的数据初始化。

（7）SPACE 用于分配一片连续的存储单元。

（8）MAP 用于定义一个结构化的内存表首地址。

（9）FIELD 用于定义一个结构化的内存表的数据域。

1. 定义字节数据伪操作指令 DCB

定义字节数据伪操作指令 DCB 语法格式如下：

[标号]DCB 表达式

功能：用于分配一片连续的字节存储单元，并用伪操作指令中指定的表达式对存储单元进行初始化。其中，表达式可以为 0~255 的数字或字符串。DCB 也可用"="代替。

【例 4-5】 定义字节数据伪操作指令应用举例。

STR1 DCB"This is a test!"   ;分配一片连续的字节存储单元并初始化,每个字符占 1 个字节

2. 定义半字数据伪操作指令 DCW（或 DCWU）

定义字数据伪操作指令 DCW（或 DCWU）语法格式如下：

标号 DCW(或 DCWU)表达式

功能：用于分配一片连续的半字存储单元，并用伪操作指令中指定的表达式对存储单元初始化。其中，表达式可以为程序标号或数字表达式。

用 DCW 指令分配的字存储单元是半字对齐的，而用 DCWU 指令分配的字存储单元并不严格半字对齐。

【例 4-6】 定义字数据伪操作指令应用举例。

DATATEST DCW 1,2,3   ;分配一片连续的 3 个半字存储单元并初始化为 1,2,3,每个数据项
                      ; 占 2 个字节

3. 定义字数据伪操作指令 DCD（或 DCDU）

定义字数据伪操作指令 DCD（或 DCDU）语法格式如下：

标号 DCD(或 DCDU)表达式

功能：用于分配一片连续的字存储单元，并用伪操作指令中指定的表达式对存储单元初始化。其中，表达式可以为程序标号或数字表达式。DCD 也可用 "&" 代替。

用 DCD 指令分配的字存储单元是字对齐的，而用 DCDU 指令分配的字存储单元并不严格字对齐。

【例 4-7】 定义字数据伪操作指令应用举例。

DATATEST DCD 4,5,6   ;分配一片连续的 3 个字存储单元并初始化为 4,5,6，每个数据项占 4 个字节

4. 定义双精度数据伪操作指令 DCFD（或 DCFDU）

定义双精度数据伪操作指令 DCFD（或 DCFDU）语法格式如下：

标号 DCFD(或 DCFDU)表达式

功能：用于为双精度的浮点数分配一片连续的字存储单元，并用伪操作指令中指定的表达式初始化。每个双精度的浮点数占据两个字单元。

用 DCFD 指令分配的字存储单元是字对齐的，而用 DCFDU 指令分配的字存储单元并不严格字对齐。

【例 4-8】 定义双精度数据伪操作指令应用举例。

FDATATEST DCFD 2E15,-5E7   ;分配一片连续的字存储单元并初始化为指定的双精度浮点数

5. 定义单精度数据伪操作指令 DCFS（或 DCFSU）

定义单精度数据伪操作指令 DCFS（或 DCFSU）语法格式如下：

标号 DCFS(或 DCFSU)表达式

功能：用于为单精度的浮点数分配一片连续的字存储单元，并用伪操作指令中指定的表达式初始化。每个单精度的浮点数占据一个字单元。

用 DCFS 指令分配的字存储单元是字对齐的，而用 DCFSU 指令分配的字存储单元并不严格字对齐。

【例 4-9】 定义单精度数据伪操作指令应用举例。

FDATATEST DCFS 2E5,-5E-7   ;分配一片连续的字存储单元并初始化为指定的单精度浮点数

6. 定义双字数据伪操作指令 DCQ（或 DCQU）

定义双字数据伪操作指令 DCQ（或 DCQU）语法格式如下：

标号 DCQ(或 DCQU)表达式

功能：用于分配一片连续的双字存储单元，并用伪操作指令中指定的表达式初始化。

用 DCQ 指令分配的存储单元是字对齐的，而用 DCQU 指令分配的存储单元并不严格字对齐。

【例 4-10】 定义双数据伪操作指令应用举例。

DATATEST DCQ 10C   ;分配一片连续的存储单元并初始化为指定的值

7. 分配存储空间伪操作指令 SPACE

分配存储空间伪操作指令 SPACE 语法格式如下：

标号 SPACE 表达式

功能：用于分配一片连续的存储单元并初始化为 0。
其中：表达式表示要分配的字节数。SPACE 也可用 "%" 代替。

【例 4-11】 分配存储空间伪操作指令应用举例。

DATA SPACE SPACE 100   ;分配连续 100 字节的存储单元并初始化为 0

8. 定义结构伪操作指令 MAP

定义结构伪操作指令 MAP 语法格式如下：

MAP 表达式{,基址寄存器}

功能：用于定义一个结构化的内存表首地址。MAP 也可用 "^" 代替。
其中：表达式可以为程序中的标号或数学表达式。基址寄存器为可选项，当基址寄存器选项不存在时，表达式的值即为内存表的首地址；当该选项存在时，内存表的首地址为表达式的值与基址寄存器的和。

【例 4-12】 定义结构伪操作指令应用举例。

MAP 0x100,R0   ;定义结构化内存表首地址的值为 0x100+R0

9. 定义结构中的数据域伪操作指令 FILED

定义结构中的数据域伪操作指令 FILED 语法格式如下：

标号 FIELD 表达式

功能：用于定义一个结构化内存表中的数据域。FILED 也可用 "#" 代替。
其中：表达式的值为当前数据域在内存表中所占的字节数。
FIELD 伪操作指令常与 MAP 伪操作指令配合使用来定义结构化的内存表。MAP 伪操作指令定义内存表的首地址，FIELD 伪操作指令定义内存表中的各个数据域，并可以为每个数据域指定一个标号供其他指令引用。
注意：MAP 和 FIELD 伪操作指令仅用于定义数据结构，并不实际分配存储单元。

【例 4-13】 定义结构中的数据域伪操作指令应用举例。

MAP 0x100   ;定义结构化内存表首地址的值为 0x100
A FIELD 16;定义 A 的长度为 16 字节,位置为 0x100~0x10F
B FIELD 32;定义 B 的长度为 32 字节,位置为 0x110~0x12F
S FIELD 256;定义 S 的长度为 256 字节,位置为 0x130~0x23F

4.2.3 汇编控制伪操作指令

汇编控制（Assembly Control）伪操作指令用于控制汇编程序的执行流程。
常用的汇编控制伪操作指令有如下几种。
（1）IF、ELSE、ENDIF 用于根据条件的成立与否决定执行哪个指令序列。
（2）WHILE、WEND 用于根据逻辑表达式的值决定是否执行循环体。

1. 条件汇编伪操作指令 IF、ELSE、ENDIF

条件汇编伪操作指令 IF、ELSE、ENDIF 语法格式如下：

IF 逻辑表达式
    指令序列 1

[ELSE

指令序列 2]

ENDIF

功能：该伪操作指令能根据条件的成立与否决定是否汇编某个指令序列。若 IF 后面的逻辑表达式为真，则汇编指令序列 1，否则汇编指令序列 2。其中，ELSE 及指令序列 2 可以缺省，此时，若 IF 后面的逻辑表达式为真，则汇编指令序列 1，否则继续汇编后面的指令。

IF、ELSE、ENDIF 伪操作指令可以嵌套使用。

【例 4-14】 条件汇编伪操作指令应用举例。

```
GBLL TEST            ;定义一个全局的逻辑变量,变量名为 TEST
IF TEST=TRUE
    指令序列 1
ELSE
    指令序列 2
ENDIF                ;若 TEST 值为真,则汇编指令序列 1,否则汇编指令序列 2
```

2. 循环汇编伪操作指令 WHILE、WEND

循环汇编伪操作指令 WHILE、WEND 语法格式如下：

WHILE 逻辑表达式

  指令序列

WEND

功能：根据逻辑表达式的值决定是否循环汇编指令序列。若 WHILE 后面的逻辑表达式为真，则汇编指令序列，该指令序列汇编完毕后，再判断逻辑表达式的值，若为真，则继续汇编，一直到逻辑表达式的值为假。

WHILE、WEND 伪操作指令可以嵌套使用。

【例 4-15】 循环汇编伪操作指令应用举例。

```
GBLA COUNTER         ;定义一个全局的数学变量,变量名为 COUNTER
COUNTER SETA 3       ;由变量 COUNTER 控制循环次数
WHILE COUNTER<10
    指令序列
WEND
```

4.2.4 其他常用的伪操作指令

其他常用的伪操作指令有：AREA、ALIGN、ENTRY、END、EQU、EXPORT（或 GLOBAL）、IMPORT、EXTERN、GET（或 INCLUDE）、INCBIN、RN、ROUT。

1. 段定义伪操作指令 AREA

段定义伪操作指令 AREA 语法格式如下：

AREA 段名,属性 1,属性 2,…

功能：用于定义一个代码段或数据段。

其中：段名若以数字开头，则该段名需用"｜｜"括起来，如｜1_test｜。属性字段表示该代码段（或数据段）的相关属性，多个属性用逗号分隔。

常用的属性有以下几种。

（1）CODE 属性：用于定义代码段，默认为 READONLY。

（2）DATA 属性：用于定义数据段，默认为 READWRITE。

（3）READONLY 属性：指定本段为只读，代码段默认为 READONLY。

（4）READWRITE 属性：指定本段为可读可写，数据段默认为 READWRITE。

（5）ALIGN 属性：使用方式为 ALIGN 表达式。在默认时，ELF（可执行链接文件）的代码段和数据段是按字对齐的，表达式的取值范围为 0~31，相应的对齐方式为 2 表达式值。

（6）COMMON 属性：用于定义一个通用的段，不包含任何用户代码和数据。各源文件中同名的 COMMON 段共享同一段存储单元。

注意：一个汇编语言程序至少要包含一个段，当程序太长时，也可以将程序分为多个代码段和数据段。

【例 4-16】 段定义伪操作指令应用举例。

```
AREA   INIT,CODE,READONLY
指令序列              ;该伪操作指令定义了一个代码段,段名为 INIT,属性为只读
```

2. 设定对齐方式伪操作指令 ALIGN

设定对齐方式伪操作指令 ALIGN 语法格式如下：

ALIGN [表达式[,偏移量]]

功能：通过添加填充字节的方式，使当前位置满足一定的对齐方式。

其中：表达式的值用于指定对齐方式，可以的取值为 2 的幂，如 1、2、4、8、16 等，若未指定表达式，则将当前位置对齐到下一个字的位置；偏移量也为一个数值表达式，若使用该字段，则当前位置自动对齐到"表达式+偏移量"。

【例 4-17】 设定对齐方式伪操作指令应用举例。

```
DATA1 DB "strin"       ;可以作为数据存储区,但不能保证地址对齐
      ALIGN 4          ;使用伪操作确保地址对齐
```

3. 指定汇编程序入口伪操作指令 ENTRY

指定汇编程序入口伪操作指令 ENTRY 语法格式如下：

ENTRY

功能：用于指定汇编程序的入口点。在一个完整的汇编程序中要有一个 ENTRY（也可以有多个，当有多个 ENTRY 时，程序的真正入口点由链接器指定），但在一个源程序里最多只能有一个 ENTRY（可以没有）。

【例 4-18】 指定汇编程序入口伪操作指令应用举例。

```
AREA INIT,CODE,READONLY
ENTRY                  ;指定汇编程序的入口点
```

4. 汇编结束伪操作指令 END

汇编结束伪操作指令 END 语法格式如下：

END

功能：用于通知编译器汇编结束。

【例 4-19】 汇编结束伪操作指令应用举例。

```
AREA INIT,CODE,READONLY
END                 ;表示汇编程序结束
```

5. 符号定义伪操作指令 EQU

符号定义伪操作指令 EQU 语法格式如下：

名称 EQU 表达式{,类型}

功能：用于给汇编程序中的常量、标号等定义一个等效的字符名称，类似于 C 语言中的#define。

其中：EQU 可用"*"代替。

【例 4-20】 符号定义伪操作指令应用举例。

```
TEST EQU 50         ;定义标号 TEST 的值为 50
ADDR EQU 0x55       ;定义 ADDR 的值为 0x55
```

6. 声明全局符号伪操作指令 EXPORT（或 GLOBAL）

声明全局符号伪操作指令 EXPORT（或 GLOBAL）语法格式如下：

EXPORT 标号[WEAK]

功能：用于在汇编程序中声明一个全局标号，该标号可在其他文件中被引用。

其中：EXPORT 可用 GLOBAL 代替；标号在程序中区分大、小写；[WEAK] 选项声明其他的同名标号优先于该标号被引用。

【例 4-21】 声明全局符号伪操作指令应用举例。

```
AREA INIT,CODE,READONLY
EXPORT stest        ;声明一个可全局引用的标号 stest
…
END
```

7. 声明已定义标号伪操作指令 IMPORT/EXTERN

声明已定义标号伪操作指令 IMPORT/EXTERN 语法格式如下：

IMPORT 标号{[WEAK]}

功能：用于通知编译器要使用的标号在其他源文件中已定义，需要在当前源文件中引用。注意：无论当前源文件是否引用该标号，该标号均会被加入当前源文件的符号表。

其中：标号在程序中区分大、小写；[WEAK] 选项表示当所有的源文件都没有定义这样一个标号时，编译器不给出错误信息；在多数情况下将该标号置为 0；若该标号被 B 或 BL 指令引用，则将 B 或 BL 指令置为 NOP 空操作。

【例4-22】 声明已定义标号伪操作指令应用举例。

```
AREA INIT,CODE,READONLY
IMPORT MAIN          ;通知编译器当前文件要引用标号MAIN,而MAIN是在其他源文件中定义的
…
END
```

8. 包含源文件伪操作指令 GET（或 INCLUDE）

包含源文件伪操作指令 GET（或 INCLUDE）语法格式如下：

GET 文件名

功能：用于将另一个源文件包含到当前的源文件中，并将被包含的源文件在当前位置进行汇编处理。可以使用 INCLUDE 代替 GET。

汇编程序中常用的方法是在某源文件中定义一些宏指令，用 EQU 定义常量的符号名称，用 MAP 和 FIELD 定义结构化的数据类型，然后用 GET 伪操作指令将这个源文件包含到其他的源文件中。使用方法与 C 语言中的 include 类似。

GET 伪操作指令只能用于包含源文件，包含目标文件需要使用 INCBIN 伪操作指令

【例4-23】 包含源文件伪操作指令应用举例。

```
AREA INIT,CODE,READONLY
GET A1.S             ;通知编译器当前源文件包含源文件A1.S
GET C:\A2.S          ;通知编译器当前源文件包含源文件C:\A2.S
…
END
```

9. 包含目标文件（或数据文件）伪操作指令 INCBIN

包含目标文件（或数据文件）伪操作指令 INCBIN 语法格式如下：

INCBIN 文件名

功能：用于将一个目标文件或数据文件包含到当前的源文件中，被包含的文件不做任何变动地存放在当前文件中，编译器从其后开始继续处理。

【例4-24】 包含目标文件（或数据文件）伪操作指令应用举例。

```
AREA INIT,CODE,READONLY
INCBIN A1.DAT        ;通知编译器当前源文件包含文件A1.DAT
INCBIN C:\A2.TXT     ;通知编译器当前源文件包含文件C:\A2.TXT
…
END
```

10. 定义寄存器别名伪操作指令 RN

定义寄存器别名伪操作指令 RN 语法格式如下：

名称 RN 表达式

功能：用于给一个寄存器定义一个别名。采用这种方式可以方便程序员记忆该寄存器的功能。

其中：名称是给寄存器定义的别名，表达式是寄存器的编码。

【例 4-25】 定义寄存器别名伪操作指令应用举例。

TEMP RN R0　　　　　　　　；给 R0 定义一个别名 TEMP

11. 定义局部变量作用域伪操作指令 ROUT

定义局部变量作用域伪操作指令 ROUT 语法格式如下：

{名称} ROUT

功能：用于给一个局部变量定义作用范围。在程序中未使用该伪操作指令时，局部变量的作用范围为所在的 AREA，而使用 ROUT 指令后，局部变量的作用范围为当前 ROUT 和下一个 ROUT 之间。

4.2.5　宏指令及其应用

宏指令的使用规则必须是先定义后使用。

1. 宏指令的定义 MACRO、MEND

宏指令的定义 MACRO、MEND 语法格式如下：

MACRO
　$标号 宏名 $参数1,$参数2,…
　指令序列
MEND

功能：将一组指令序列定义成一条宏指令。

在程序中通过宏指令可以多次调用该组指令序列。宏指令可以使用一个或多个参数，宏指令中的参数可以是常数、寄存器名、地址表达式及指令助记符或助记符的一部分。包含在 MACRO 和 MEND 之间的指令序列称为宏定义体，在宏定义体的第一行应声明宏的原型（包含宏名、所需的参数），然后就可以在汇编程序中通过宏名来调用该指令序列。在源程序被编译时，汇编器将宏调用展开，用宏定义体中的指令序列代替程序中的宏调用，并将实际参数的值传递给宏定义中的形式参数。

MACRO、MEND 宏指令可以嵌套使用。

2. 宏调用

已定义的宏指令可以在程序中像其他指令一样被直接使用。对于出现在程序中的宏指令，汇编程序在翻译时，按照其定义逐条还原为宏定义体中指令序列对应的代码。

使用宏指令时，需要将形式参数用对应的实际参数替换。

【例 4-26】 宏指令应用举例。

宏定义
MACRO
$LABEL TESTANDBRACH $DEST,$REG,$CC
$LABEL　CMP　　$REG,#0

```
            B    $CC    $DEST
MEND
…………
宏调用
TEST    TESTANDBRACH    NEXT,R0,NE
…………
NEXT …………
程序汇编时宏展开
………
TEST CMP R0,#0
     BNE NEXT
     ………
NEXT
………
```

宏指令的功能和使用方式与子程序类似，子程序可以提供模块化的程序设计，节省存储空间并提高运行速度。但在使用子程序时需要保护现场，从而增加了系统的开销。因此，在代码较短且需要传递的参数较多时，可以使用宏指令代替子程序。

4.3 简单程序设计

4.3.1 汇编语言的程序结构

Cortex-M3 汇编语言程序是以程序段为单位组织代码的。段是相对独立的指令或数据序列，具有特定的名称。段可以分为代码段和数据段，代码段的内容为执行代码，数据段用来存放程序运行时需要用到的数据。一个汇编程序至少应该有一个代码段，当程序较长时，可以将其分割为多个代码段和数据段，多个段在程序编译链接时最终形成一个可执行的映像文件。可执行的映像文件通常由以下几部分构成。

（1）一个或多个代码段，代码段的属性为只读。
（2）零个或多个包含初始化数据的数据段，数据段的属性为可读/写。
（3）零个或多个不包含初始化数据的数据段，数据段的属性为可读/写。

链接器根据系统默认或用户设定的规则，将各个段安排在存储器的相应位置。因此，源程序中段之间的相对位置与可执行的映像文件中段之间的相对位置一般不会相同。

以下是一个汇编语言程序的基本结构。

```
STACK_TOP EQU 0x00002000
    AREA INIT,CODE
    DCD STACK_TOP
    DCD START
    ENTRY
```

```
START
    LDR R0,=0x3FF5000
    LDR R1,0xFF
    STR R1,[R0]
    LDR R0,=0x3FF5008
    LDR R1,0x01
    STR R1,[R0]
    …
    END
```

在汇编语言程序中，用 AREA 伪操作指令定义一个段，并说明所定义段的相关属性，本例定义一个名为 INIT 的代码段，属性为只读。ENTRY 伪操作指令标识程序的入口点，接下来为实现程序功能的指令序列，程序的末尾为 END 伪操作指令，该伪操作指令告诉编译器，程序至此结束，每一个汇编程序段都必须有一条 END 伪操作指令，用来指示代码段的结束。

4.3.2 顺序结构程序设计

顺序结构是程序设计中最简单的结构，只要按照解决问题的顺序写出相应的语句即可。程序中的指令被逐条执行，程序计数器 PC 内容线性增加。实现这种结构的指令有数据传送类指令、运算类指令。顺序结构的程序只能完成简单的功能。

【例 4-27】 将存储器中的两个 64 位数相加，结果（不超过 64 位）存入指定内存单元。

【分析】 Cortex-M3 是 32 位的微处理器，一次算术运算只能完成两个 32 位数相加。若要实现两个 64 位数相加，则需要进行两次算术运算，先实现两个 64 位数的低 32 位相加并保存进位标志位，再实现两个 64 位数的高 32 位及低 32 位相加产生的进位标志位之间的加法运算，最终得到 64 位加法运算结果。实现这一运算的算法流程如图 4-1 所示。

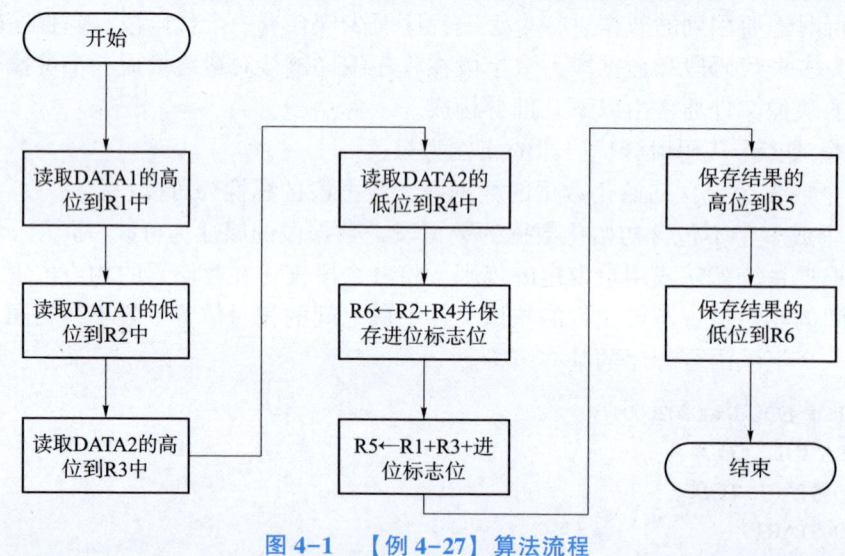

图 4-1 【例 4-27】算法流程

汇编程序如下：

```
STACK TOP EQU 0x00002000
      AREA QADD,CODE
      DCD STACK TOP
      DCD START
      ENTRY
START
   LDR R0,=DATA1        ;将 DATA1 送寄存器 R0
   LDR R1,[R0]          ;将 DATA1 作为地址的存储单元中的字数据(高 32 位)送给 R1
   LDR R2,[R0,#4]       ;将 DATA1+4 作为地址的存储单元中的字数据(低 32 位)送给 R2
   LDR R0,=DATA2        ;将 DATA2 送寄存器 R0
   LDR R3,[R0]          ;将 DATA2 作为地址的存储单元中的字数据(高 32 位)送给 R3
   LDR R4,[R0,#4]       ;将 DATA2+4 作为地址的存储单元中的字数据(低 32 位)送给 R4
   ADDS R6,R2,R4        ;低 32 位相加,结果影响进位标志位 C
   ADC R5,R1,R3         ;高 32 位相加,再加上低 32 位产生的进位标志位 C
   LDR R0,=RESULT       ;R0 中保存 RESULT 的首地址
   STR R5,[R0]          ;保存结果的高 32 位
   STR R6,[R0,#4]       ;保存结果的低 32 位
DATA1 DCD 0X11223344.0xFFDDCCBB
DATA2 DCD 0X11223344,0xFFDDCCBB
RESULT DCD 0,0
      END
```

上面程序中使用了 DCD 伪操作指令分配了连续的字存储单元，标号分别为 DATA1、DATA2 和 RESULT，并对字存储单元进行初始化。用寄存器 R0 保存操作数的地址，采用基址加变址寻址的方法分别读取两个数的高 32 位到寄存器 R1 和 R3，读取两个数的低 32 位到寄存器 R2 和 R4。通过加法指令先完成两个数的低 32 位相加，在加法指令 ADD 后加后缀 S 表示加法结果影响标志位，若两个低 32 位数相加产生进位，则标志位 C 为 1，否则为 0。再使用带进位的加法指令 ADC 实现两个数的高 32 位及进位标志位 C 的相加。相加结果的高 32 位存于寄存器 R5 中，低 32 位存于寄存器 R6 中。最后分别用存储指令将寄存器 R5 和 R6 的值存储到标号 RESULT 所对应的两个字存储单元中。

【例 4-28】 将一个两位的组合 BCD 数转换为非组合 BCD 数。

【分析】 组合 BCD 数是按一个字节存放两位 BCD 数的方式存放的，例如十进制数 36，用组合 BCD 数表示为 00110110。非组合 BCD 数是按一个字节存放一位 BCD 数的方式存放的，例如十进制数 36 用非组合 BCD 数表示为 0000001100000110。其扩展方法，是将 8 位数的低 4 位扩展为低 8 位，将 8 位数的高 4 位扩展为高 8 位。实现这一过程的算法流程如图 4-2 所示。

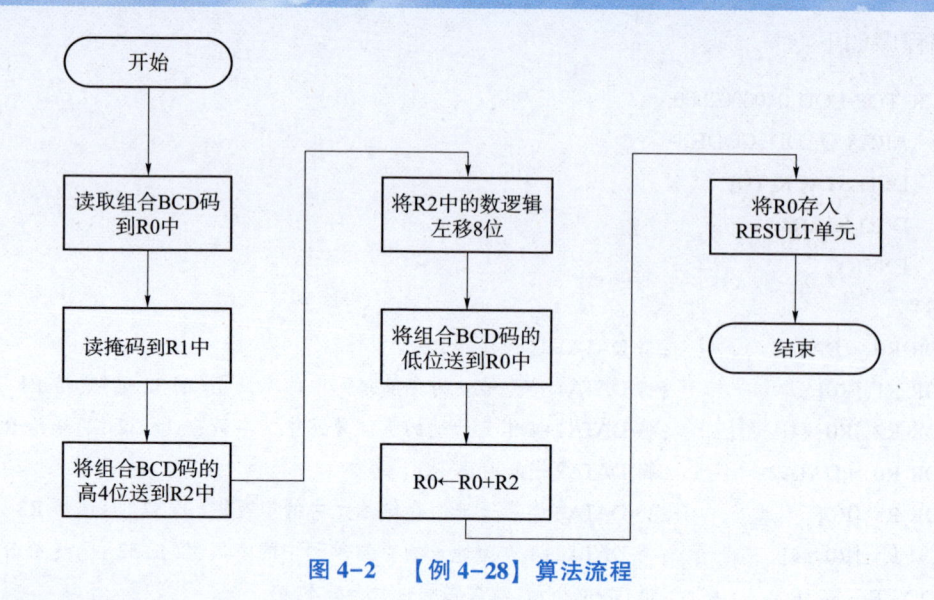

```mermaid
flowchart
开始 --> 读取组合BCD码到R0中 --> 读掩码到R1中 --> 将组合BCD码的高4位送到R2中 --> 将R2中的数逻辑左移8位 --> 将组合BCD码的低位送到R0中 --> R0←R0+R2 --> 将R0存入RESULT单元 --> 结束
```

图 4-2 【例 4-28】算法流程

汇编程序如下：

```
STACK_TOP EQU 0x00002000
    AREA TBCD,CODE
    DCD STACK_TOP
    DCD START
    ENTRY
START
    LDR R0,DATA              ;将 DATA 中的数存入 R0
    LDR R1,MASK              ;将 MASK(掩码)存入 R1
    MOV R2,R0,LSR#4          ;将 R0 中的数逻辑右移 4 位后保存到 R2 中
    MOV R2,R2,LSL#8          ;将 R2 中的数逻辑左移 8 位后保存到 R2 中
    AND R0,R0,R1             ;将 R1 中的掩码与 R0 中的数据相与,结果存入 R0
    ADD R0,R0,R2             ;将 R0 与 R2 相加,结果存入 R0
    LDR R3,=RESULT           ;R3 保存 RESULT 首地址
    STR R0,[R3]              ;结果存入 R3 作为地址的存储单元
DATA DCB 0x36
    RESULT DCD 0
MASK DCD 0x000F
    END
```

上面程序中，标号为 DATA 的字节存储单元中存储了数据 0x36，将该地址中存储的数据读到 R0 中。将 R0 中的数据逻辑右移 4 位存入 R2，即将字节数的高 4 位数 0x3 赋给 R2。再将 R2 中的数据 0x3 左移 8 位得到数 0x0300 存入 R2。用 R1 中的掩码 0x000F 与 0x36 相与得到数 0x6 并将其保存到 R0 中。指令 ADD R0, R0, R2 完成 R0 中的值 0x6 和 R2 中的值 0x0300 相加，得到最终的结果 0x0306。

4.4 分支结构程序设计

单纯由顺序结构构成的程序虽然能解决计算、输出等问题，但用途有限。实际应用中的程序还需要有逻辑判断，即根据不同情况决定程序的走向。程序中对于要先判断再选择的情况就要使用到分支结构。

通常将具有两条或两条以上可选执行路径的程序称为分支结构程序。这种结构的程序执行到分支点处时，需要根据 xPSR 中的状态标志值来选择相应的执行路径。

因此，设计分支结构程序时要实现分支有以下两个要点：
（1）使用能影响状态标志的指令或带后缀 S 的指令，指定执行结果会影响条件标志位；
（2）使用条件转移指令对条件标志位进行测试判断，形成分支，以确定程序的走向。

4.4.1 两分支结构程序设计

使用带有后缀 S 的指令或比较指令可以很容易地设计两分支结构程序。

【例 4-29】 判断两个无符号数的大小，将较大的数存入指定存储单元。

【分析】 先将两个无符号数存入寄存器 R0 和 R1，假定 R0 中存放两数中的大数。将 R0 和 R1 进行比较，若 R1≥R0，则将 R1 中的数送到 R0 中；若 R1<R0，则保持 R0 中的值不变，最后将 R0 中的数存入指定存储单元。实现这一过程的算法流程如图 4-3 所示。

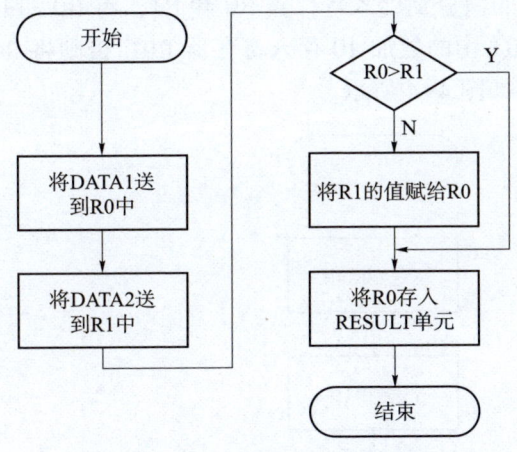

图 4-3 【例 4-29】算法流程

汇编程序如下：

```
STACK_TOP EQU 0X00002000
    AREA CMP2DATA,CODE
    DCD STACK_TOP
    DCD START
    ENTRY
```

```
START
    LDR R0,DATA1            ;R0 中保存 DATA1
    LDR R1,DATA2            ;R1 中保存 DATA2
    LDR R2,=RESULT
    CMP R0,R1               ;比较 R0 和 R1 中值的大小
    BHI SAVE                ;R0>R1 则跳转到标号为 SAVE 处
    MOV R0,R1               ;将 R1 的值赋给 R0
SAVE
    STR R0,[R2]             ;将结果保存到 R2 中
DATA1 DCD 0X400
DATA2 DCD 0X200
RESULT DCD 0
    END
```

程序中采用了 CMP 指令比较寄存器 R0 和 R1 中值的大小，指令执行后将影响相应的标志位。转移指令 B 加上条件码 HI，表示 CMP 指令在比较两个无符号数的大小时，若满足条件 R0>R1，则执行跳转指令，跳转到标号为 SAVE 处执行存储指令，将 R0 中的值存入 R2 所指存储单元中；若不满足条件，则顺序向下执行指令 MOV R0, R1，即在 R0≤R1 时将 R1 的值赋给 R0，保证 R0 中保存的数是两个数中最大的那个。最终将 R0 中的值保存到 RESULT 对应的存储单元里。

【例 4-30】 编程实现如下分段函数的值（假定 X，Y 是无符号数）。

$$X = \begin{cases} Y+10, & X>Y \\ Y+5, & X \leq Y \end{cases}$$

【分析】 先将 X、Y 的值分别存入寄存器 R0 和 R1，将 R0 和 R1 进行比较，若 R0 中的数大于 R1 中的数时，将 R1 中的数加 10 存入寄存器 R0；否则将 R1 中的数加 5 存入寄存器 R0。实现这一算法的流程如图 4-4 所示。

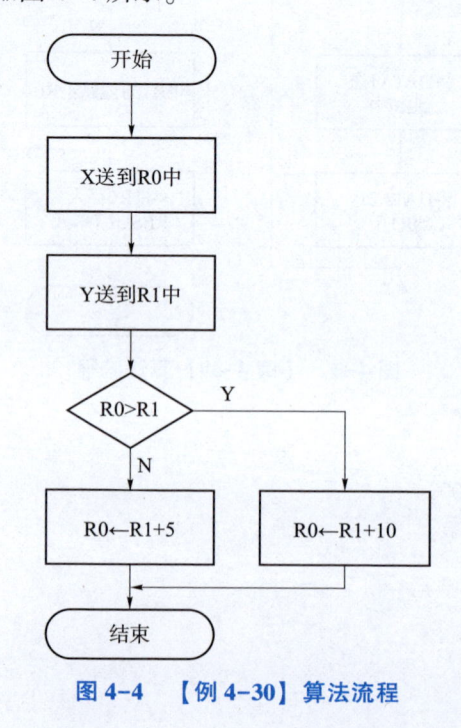

图 4-4 【例 4-30】算法流程

汇编程序如下：

```
AREA BRCH,CODE,READONLY
    ENTRY
    LDR R0,X
    LDR R1,Y
    CMP R0,R1
    ADDHI R0,R1,#10
    ADDLS R0,R1,#5
X DCD 5
Y DCD 9
    END
```

程序中使用 CMP 指令比较 R0 和 R1 中数的大小，若 R0 中的数比 R1 中的数大，则使用带条件码 HI 的 ADD 加法指令将 R1 中的数加 10 后存入 R0；否则使用带条件码 LS 的 ADD 指令将 R1 中的数加 5 后存入 R0。

4.4.2 多分支结构程序设计

在分支结构程序设计中，除两分支结构外，还存在多分支结构，即程序分支点上有两条以上的执行路径。

多分支结构程序设计中通常使用测试指令或跳转表实现多分支。

【例 4-31】 判断寄存器 R1 中的数是否为 5、10、15、20。若是，则将 R0 中的数加 4；否则将 R0 的值设置为 0xF（假定 R0 的初值为 0）。

【分析】 用测试指令 TEQ 逐一判断 R1 中的数是否为 5、10、15、20 四个数中的一个。若满足条件，则将 R0 中的值加 4；否则将 R0 的值设置为 0xF。实现这一算法的流程如图 4-5 所示。

汇编程序如下：

```
AREA DBRCH,CODE,READONLY
    ENTRY
    MOV R0,#0
    TEQ R1,#5
    TEQNE R1,#10
    TEQNE R1,#15
    TEQNE R1,#20
    ADDEQ R0,R0,#4
    MOVNE R0,#0xF
    END
```

程序中先对 R0 进行初始化，使用测试指令 TEQ 判断 R1 的值是否为 5，结果影响标志

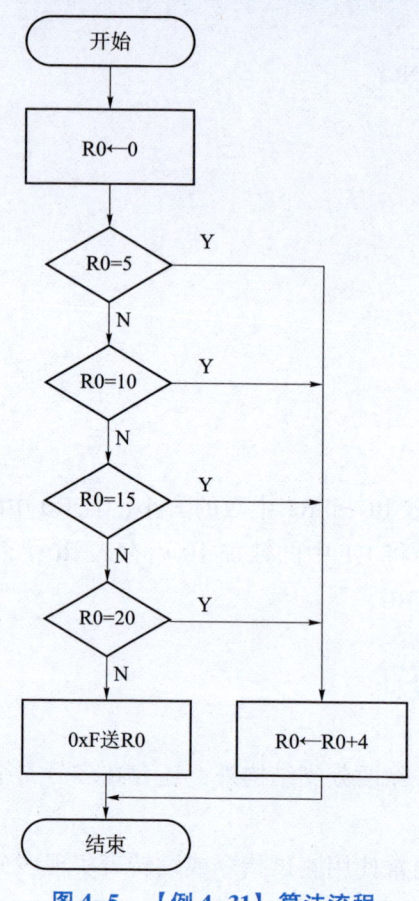

```
                        ┌─────┐
                        │ 开始 │
                        └──┬──┘
                           │
                        ┌──┴──┐
                        │R0←0 │
                        └──┬──┘
                           │
                        ╱─────╲   Y
                       ╱ R0=5  ╲─────┐
                       ╲       ╱     │
                        ╲─────╱      │
                           │N        │
                        ╱─────╲   Y  │
                       ╱ R0=10 ╲─────┤
                       ╲       ╱     │
                        ╲─────╱      │
                           │N        │
                        ╱─────╲   Y  │
                       ╱ R0=15 ╲─────┤
                       ╲       ╱     │
                        ╲─────╱      │
                           │N        │
                        ╱─────╲   Y  │
                       ╱ R0=20 ╲─────┤
                       ╲       ╱     │
                        ╲─────╱      │
                           │N        │
              ┌────────┐       ┌──────────┐
              │0xF送R0 │       │ R0←R0+4  │
              └────┬───┘       └─────┬────┘
                   │                 │
                   └────────┬────────┘
                        ┌───┴──┐
                        │ 结束 │
                        └──────┘
```

图 4-5　【例 4-31】算法流程

位 Z，若不为 5，则再用带条件码 NE 的测试指令 TEQNE 判断 R1 的值是否为 10，若不为 10，类似地，再使用 TEQNE 指令向下继续判断，若 R1 的值为这 4 个数中的任意一个，则使 R0 的值加 4，否则将 R0 的值置为 0xF。

当多分支的每一个分支所对应的是一个程序段时，通常将各个分支程序段的首地址依次放在一张跳转表中，通过查找跳转表中的跳转地址并将其传送到程序计数器 PC 以实现多分支。

【例 4-32】　根据寄存器 R0 中的值决定 R1 和 R2 中数据的运算方式，并将结果保存到 RESULT 中。其算法流程如图 4-6 所示。

【分析】　根据算法流程图，发现此程序属于多分支结构。要采用跳转表方式处理，即将每个分支用一个程序段表示，将每个分支程序段的首地址（程序中一般用标号表示）依次写入跳转表，建立具有多个分支的跳转表。根据 R0 的取值查找跳转表中的跳转地址实现各个分支的跳转。

汇编程序如下：

```
STACK_TOP EQU 0X00002000
    AREA MBRCH,CODE
    DCD STACK_TOP
```

```
        DCD START
NUM EQU 2
    ENTRY
START
    MOV R0, #1              ; 设置3个参数
    MOV R1, #3
    MOV R2, #2
ARITHFUNC                   ; 运算
    LDR R6, #NUM            ; 给R6赋值
    CMP R0, R6              ; 判断R0中的参数是否越界
    BHI OUTF                ; 参数超出跳转表范围，直接将0xFF赋给R0
    ADR R3, JUMPTABLE       ; 读跳转表的首地址
    LDR PC, [R3, R0, LSL#2] ; 查找跳转表，确定跳转地址
JUMPTABLE
    DCD DOADD
    DCD DOSUB1
    DCD DOSUB2
DOADD
    ADD R0, R1, R2          ; 操作0
    B SAVE                  ; 跳转到保存
DOSUB1
    SUB R0, R1, R2          ; 操作1
    B SAVE                  ; 跳转到保存
DOSUB2
    SUB R0, R2, R1          ; 操作2
    B SAVE                  ; 跳转到保存
OUTF
    MOV R0, #0xFF           ; 越界，直接给R0赋值0xFF
SAVE
    STR R0, RESULT          ; 将结果保存到RESULT
RESULT DCD 0
    END
```

程序中建立的跳转表的首地址标号为JUMPTABLE，从该地址开始用DCD定义了一片连续的字存储单元，用以存放各分支程序段用标号表示的起始地址（跳转地址），即DOADD、DOSUB1和DOSUB2，每个地址占4字节的存储空间。汇编器在对程序汇编时将这3个标号自动替换为对应的地址，即各分支程序段的首地址。通过指令LDR PC, [R3, R0, LSL#2]将这些地址赋值给程序计数器PC，使程序跳转到相应分支执行。程序的跳转示意如图4-7所示。

图 4-6 【例 4-32】算法流程

图 4-7 程序的跳转示意

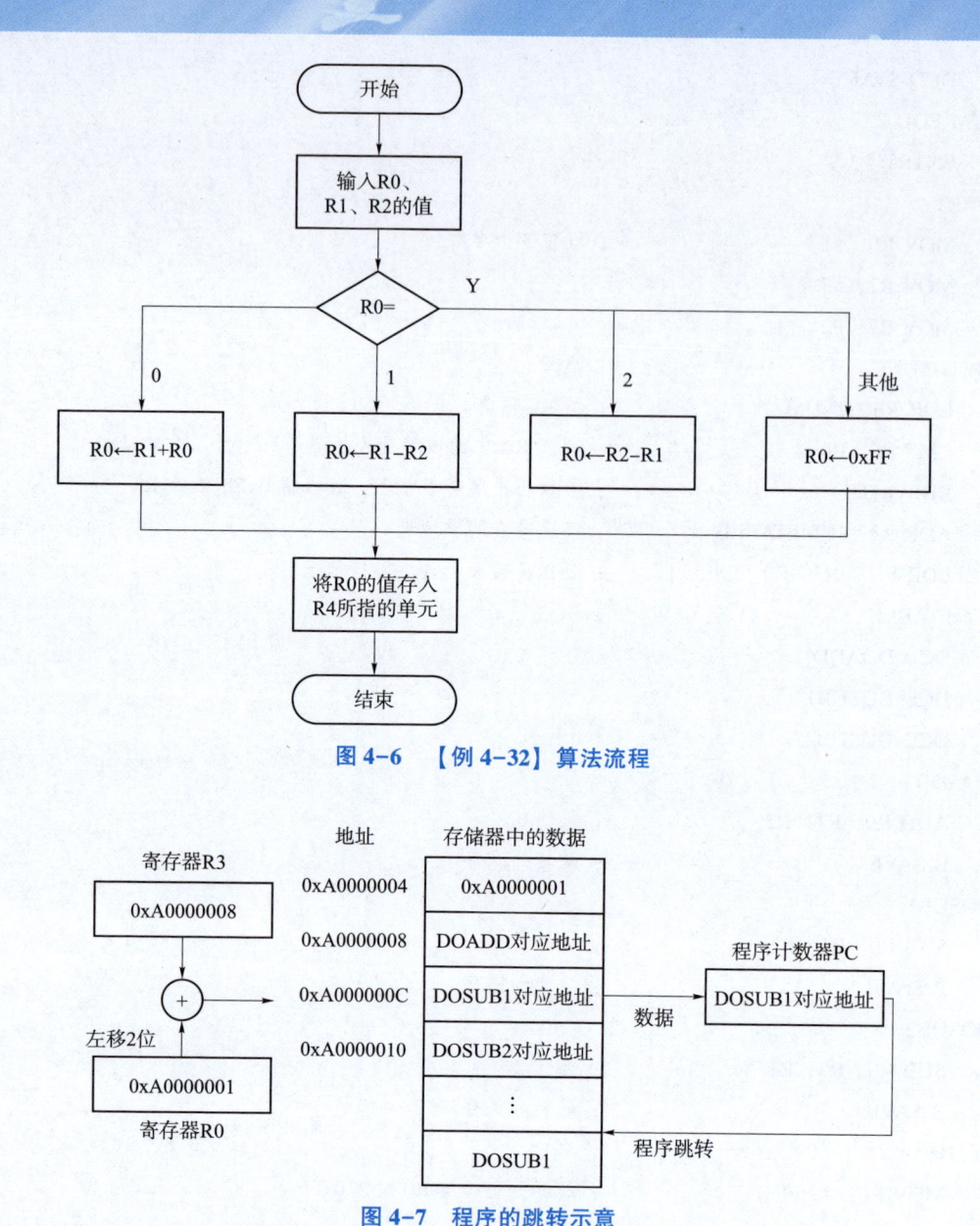

4.5 循环结构程序设计

循环结构通常用来解决重复执行某段算法的问题,是程序设计中最能发挥计算机特点的程序结构。这种结构既可以节省内存,又可以简化程序。

循环结构将重复执行循环体中的语句,当循环条件不成立时停止循环。循环结构有三要素:循环变量、循环体和循环终止条件。在高级语言如 C 语言中用 for 和 while 等不同的控制语句来设置循环条件,而在汇编语言中循环结构程序设计主要依靠比较指令和带条件的跳转指令来实现。

循环结构程序通常由以下 4 个部分组成。

（1）初始化：用于设置循环初值，如设置计数初值、建立地址指针、设置其他变量的初值等。

（2）循环处理：程序中需要重复执行的部分，是循环结构程序的核心。

（3）循环控制：设置循环条件来控制循环的运行和结束，这是循环结构程序的关键。循环条件可用计数控制循环，也可用条件控制循环。

（4）循环结束：对程序处理结果进行存储或输出的处理部分。

【例 4-33】 编程求 1+2+3+…+100，并将累加和存入 RESULT 单元。

【分析】 用一个寄存器作为累加和，另一个寄存器作为计数器。采用计数控制循环作为循环条件，将计数器的值累加到累加和，每累加一次，计数器的值减 1，如此重复直到计数器的值为 0 为止。实现这一算法的流程如图 4-8 所示。

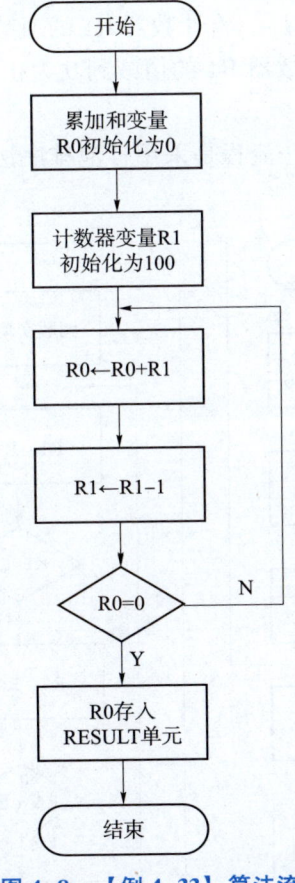

图 4-8 【例 4-33】算法流程

汇编程序如下：

```
STACK_TOP EQU 0X00002000
    AREA SUMNUM,CODE,READONLY
    DCD STACK_TOP
```

```
        DCD START
        ENTRY
START
        MOV R0, #0
        MOV R1, #100
AGAIN
        ADD R0, R0, R1
        SUBS R1, R1, #1
        BNE AGAIN
        STR R0, RESULT
RESULT DCD0
        END
```

程序中寄存器 R0 作为累加和（初始化为 0），寄存器 R1 作为计数器（初始化为 100），将 R1 的值累加到 R0，每累加一次后，将计数器 R1 的值减 1 并影响标志位 Z，若计数器 R1 的值不为 0，则继续累加，直到计数器 R1 的值减到 0 为止。最后将寄存器 R0 的值存入指定存储单元 RESULT。

【例 4-34】 图 4-9 所示的算法流程是采用冒泡排序法实现按升序排列，根据该算法写出汇编程序。

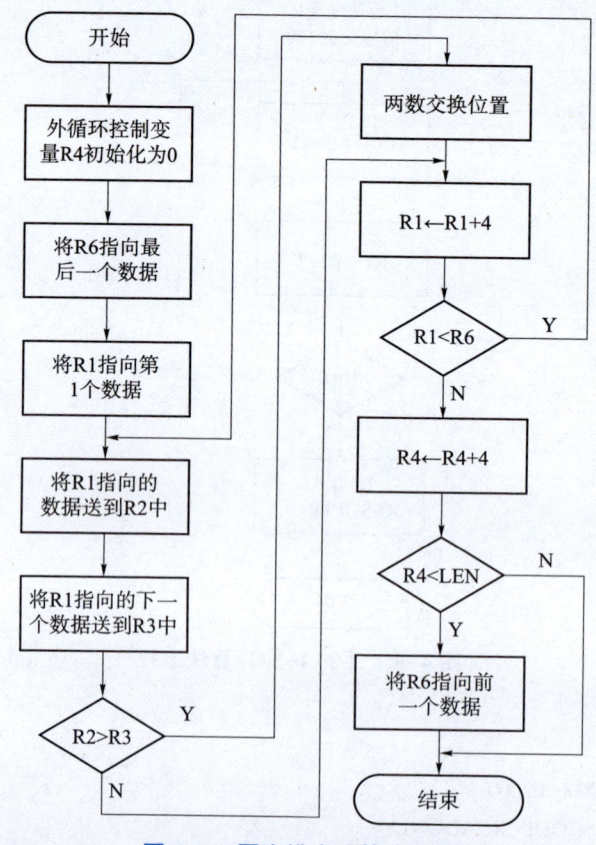

图 4-9 冒泡排序法算法流程

【分析】　冒泡排序法是一种常用的程序算法，其基本思想是从数组的第 1 个元素开始将相邻的两个数进行比较，若两数不符合排序规则，则交换两数位置，每趟比较都能将无序表中的最大值冒出，并放在有序表中的固定位置。N 个数经过 $N-1$ 趟比较就能将无序表按升序排列成有序表。程序设计需要用到双重循环，外循环控制比较的趟数，内循环控制每趟比较的次数。

汇编程序如下：

```
STACK_TOP EQU 0X00002000
    AREA SORT,CODE
    DCD STACK_TOP
    DCD START
    ENTRY
START
    MOV R4,#0
    LDR R6,=SRC                  ;设置 R6 保存待排序数组的首地址
    ADD R6,R6,#LEN               ;取 R6 保存数组中的最后一个数据
OUTER                            ;外循环开始
    LDR R1,=SRC
INNER                            ;内循环开始
    LDR R2,[R1]
    LDR R3,[R1,#4]
    CMP R2,R3
    STRGT R3,[R1]
    STRGT R2,[R1,#4]
    ADD R1,R1,#4
    CMP R1,R6
    BLT INNER                    ;内循环结束
    ADD R4,R4,#4
    CMP R4,#LEN
    SUBLE R6,R6,#4
    BLE OUTER                    ;外循环结束
    AREA ARRAY,DATA,READWRITE
SRC DCD 2,4,10,8,14,1,20         ;待排序数组
LEN EQU 7* 4                     ;数组长度
    END
```

程序中内循环的起点从标号 INNER 开始，到指令 BLT INNER 结束。内循环控制变量存储在 R1 中，当 R1<R6 即 R1 中的值小于待排序最后一个数的地址时，重复执行循环体，直至 R1≥R6 为止。外循环则从标号 OUTER 开始，到指令 BLE OUTER 结束。外循环控制变量为 R4，当外循环次数小于数组长度时一直循环，直到大于或等于数组长度为止。

4.6 子程序设计

实际应用中，通常会将一个大程序分解为若干个相互独立的小程序段，并将其中重复或功能相同的程序段设计成规定格式的独立程序段，这些独立程序段可提供给其他程序在不同的地方调用，以减少编写重复程序的劳动。这种能被反复调用且能完成指定功能的独立程序段称为子程序。

在 Cortex-M3 汇编程序中，子程序的调用一般是通过 BL 指令来实现的。为便于识别，子程序的第 1 条指令必须要有标号，以便调用时可以用标号调用对应的子程序。在程序中，使用指令"BL 子程序名（标号）"即可完成子程序的调用。

该指令在执行时完成以下操作：将子程序的返回地址存放在连接寄存器 LR 中，同时将程序计数器 PC 指向子程序的入口点，当子程序执行完毕需要返回调用处时，只需将存放在连接寄存器 LR 中的返回地址重新赋值给程序计数器 PC 即可。调用子程序时若需要传递参数或从子程序返回处理结果，则通常使用寄存器 R0~R3 实现。

子程序设计过程中常用到堆栈，当子程序中要使用的寄存器与调用程序中使用的寄存器相同时，为防止调用程序的这些寄存器中的数据丢失，在子程序的开头应将这些寄存器中的数据压入堆栈以保护现场信息，在子程序返回之前从堆栈中弹出保护的数据到原来的寄存器中，以恢复现场信息。

例如下面的程序段：

```
RELAY
   STMFD R13!,{R0- R12,LR}      ;压入堆栈
   ………                          ;子程序代码
   LDMFD R13!,{R0- R12,PC}      ;从堆栈中弹出数据并实现子程序的返回
```

【例 4-35】 编写调用子程序实现求 1~N 累加和的汇编程序。

汇编程序如下：

```
STACK_TOP EQU 0X00002000
   AREA CUMSUM,CODE
   DCD STACK_TOP
   DCD START
   ENTRY
START
   MOV R1,N
   LDR R2,=RESULT
   BL SUBFUN
   STR R0,[R2]
N DCD 8
RESULT DCD 0
   END
SUBFUN
```

```
    MOV R0,#0
LOOP
    ADD R0,R0,R1
    SUBS R1,R1,#1
    CMP R1,#0
    BNE LOOP
    MOV PC,LR
```

程序中，指令 BL SUBFUN 实现了子程序的调用，执行该指令时 ARM 微处理器将把返回地址即指令 STR R0，[R2] 在存储器中的地址保存到寄存器 LR 中，并跳转到标号 SUBFUN 所指的指令 MOV R0，#0 开始向下执行。子程序执行完后，将 LR 的值恢复到 PC，返回调用程序。

4.7 汇编语言程序和 C 语言程序的交互

在嵌入式软件开发中，常用的编程语言是 C/C++语言，其优势是编程容易，有大量的库函数。但针对硬件底层的一些操作，如硬件系统初始化、CPU 状态设定、中断使能及微控制器控制参数初始化等，还是需要用汇编语言来完成。因此，在实际开发中，通常是汇编语言和 C/C++ 语言混合编程。

对于嵌入式程序设计的初学者，用 C 语言开发 ARM 的软件是一种较好的选择。由于多数微控制器供应商提供了用 C 语言编写的设备驱动库控制外设，因此用 C 语言编程实现对 ARM 微控制器的控制就很容易，只需将这些库文件添加到自己的工程中即可。对于复杂程序的开发，用汇编语言编程需要花费大量的时间且容易出错，代码的可移植性也差。而用 C 语言编程可缩短程序开发时间，通过 C 语言编译器可生成高效的代码，且可方便代码移植。

在程序设计中，通常用汇编语言完成系统硬件的初始化，用 C/C++语言完成应用设计。一般情况下，系统在执行时首先执行初始化部分程序，这部分程序常称为启动代码。例如，Realview MDK 就提供了大多数基于 ARM 架构的处理器的启动代码存放在 Startup.s（汇编语言源程序）文件中。程序设计者可以在创建工程并选中了处理器型号后，选择是否使用系统提供的启动代码。启动代码中有跳转指令，用于从启动代码跳转到 C/C++语言编制的应用程序中。

因此，作为嵌入式软件开发人员必须了解基于 ARM 架构的处理器汇编语言与 C/C++语言混合编程技术。

在规模稍大的计算机软件工程中，C 语言程序调用汇编子程序及汇编程序调用 C 语言函数的情况是经常会有的。为了使单独编译的 C 语言程序和汇编程序之间能够相互调用，必须为子程序之间的调用制订一定的规则。AAPCS（ARM Architecture Produce Call Standard）就是 ARM 架构下过程调用的基本规则。

1. AAPCS 概述

AAPCS 是基于 ARM 架构规定了一些子程序之间调用的基本规则。AAPCS 规定了如何通过寄存器传递函数参数和返回值，以及函数调用过程中寄存器的使用规则、数据栈的使用规则、参数的传递规则和子程序结果返回规则。下面分别对这几个规则进行讨论。

1）寄存器的使用规则

寄存器的使用必须满足以下规则。

（1）子程序通过寄存器 R0~R3 来传递参数。寄存器 R0~R3 可以记为 A1~A4，被调用的子程序在返回前无须恢复寄存器 R0~R3 的内容。

（2）在子程序中，ARM 状态下使用寄存器 R4~R11 来保存局部变量，这时寄存器 R4~R11 可以记为 V1~V8。如果在子程序中用到 V1~V8 中的某些寄存器，则进入子程序时必须保存这些寄存器的值，在子程序返回前必须恢复这些寄存器的值。对于子程序中没有用到的寄存器则不必执行这些操作。在 Thumb 状态下，通常只能使用寄存器 R4~R7 来保存局部变量。

（3）寄存器 R12 用作子程序间调用时的临时保存栈指针，函数返回时使用该寄存器进行出栈，记为 IP。在子程序的连接代码段中常有这种使用规则。

（4）寄存器 R13 用作数据栈指针，记为 SP。在子程序中寄存器 R13 没有其他用途。寄存器 SP 进入子程序时的值和退出子程序时的值必须相等。

（5）寄存器 R14 用作连接寄存器，记为 LR。寄存器 R14 用于保存子程序的返回地址。如果在子程序中保存了返回地址，则寄存器 R14 有其他用途。

（6）寄存器 R15 是程序计数器，记为 PC，没有其他用途。AAPCS 中的各寄存器别名和特殊名称在 ARM 编译器和汇编器中都是预定义的。

2）数据栈的使用规则

根据堆栈栈顶指针指向位置的不同，将堆栈分为满堆栈（Full Stack）和空堆栈（Empty Stack）。当栈顶指针指向栈顶元素（即最后一个入栈的数据元素）单元时，称为满堆栈；当栈顶指针指向与栈顶元素相邻的待入栈的空数据单元时，称为空堆栈。

根据数据栈增长方向的不同，又可将堆栈分为递增堆栈和递减堆栈。当数据栈向内存地址增加的方向增长时，称为递增堆栈；当数据栈向内存地址减小的方向增长时，称为递减堆栈。因此，根据数据栈顶指针指向位置和增长方向的不同，将数据栈分为 4 种：FD、ED、FA 和 EA。

AAPCS 规定数据栈为 FD 类型，数据栈的操作必须是 8 字节对齐。

3）参数的传递规则

根据参数个数是否固定，可以将子程序分为参数个数可变的子程序和参数个数固定的子程序。这两种类型的子程序的参数传递规则是不同的。

（1）参数个数可变的子程序的参数传递规则。

对于参数个数可变的子程序，当参数不超过 4 个时，可以使用寄存器 R0~R3 来进行参数传递；当参数超过 4 个时，剩余的参数使用数据栈来传递。

在传递参数时，将所有参数看作存放在连续的内存单元中的字数据。然后，依次将各个字数据传送到寄存器 R0、R1、R2、R3 中，如果参数多于 4 个，则将剩余的字数据传送到数据栈中，入栈的顺序与参数顺序相反，即最后一个字数据先入栈。

按照上面的规则，一个浮点数参数可以通过寄存器传递；也可以通过数据栈传递；同时可以一半通过寄存器传递，另一半通过数据栈传递。

（2）参数个数固定的子程序的参数传递规则。

对于参数个数固定的子程序，根据处理器是否包含浮点运算部件分为以下两种形式。

① 不包含浮点运算部件。如果处理器不包含浮点运算部件且没有浮点参数，则依次将各参数传送到寄存器 R0~R3 中。若参数个数超过 4 个，则将剩余的参数通过数据栈传递。如果处理器包含浮点参数，则要通过相应的规则将浮点参数转换为整数参数，然后依次将各参数传送到寄存器 R0~R3 中。若参数超过 4 个，则将剩余的参数通过数据栈传递。

② 包含浮点运算部件。如果处理器包含浮点运算部件，则按以下规则传递。

a. 各个浮点参数按顺序处理。

b. 为每个浮点参数分配寄存器。分配寄存器的方法是找到编号最小的满足该浮点参数需要的一组连续的 FP 寄存器进行参数传递。

4）子程序结果返回规则

子程序执行完后，根据结果数据类型的不同，需按以下规则返回数据。

（1）结果为一个 32 位整数时，通过寄存器 R0 返回。

（2）结果为一个 64 位整数时，通过寄存器 R0 和 R1 返回，以此类推。

（3）对于位数更多的结果，需要通过调用内存来传递。

2. 汇编语言程序与 C 语言程序的相互调用

1）汇编语言程序调用 C 语言程序

程序设计时要特别注意参数的传递，必须遵循 AAPCS。在汇编语言程序中调用 C 语言函数时，要使用 IMPORT 伪操作指令声明所调用的 C 语言函数名。

【例 4-36】 用汇编语言程序调用 C 语言函数求 5!。

汇编程序如下：

```
  IMPORT fact            ;声明 fact 为外部引用符号
N EQU 5
STACK_TOP EQU 0X00002000
  AREA FAC,CODE
  DCD STACK_TOP
  DCD START
  ENTRY
START
  MOV R0,#N              ;将立即数 5 送寄存器 R0
  BL fact                ;调用 C 语言函数 fact( )，返回值保存在寄存器 R0 中
STOP
  B STOP
  END
int fact(int n)
  {
   int i,p=1;
   for(i=1;i<=n;i++)
   p=p* i;
   return p;
  }
```

程序中，用 C 语言函数 fact( ) 求 n!，汇编语言程序需调用 fact( ) 函数求 5!，由于两个程序不会在同一个源程序文件中，所以在汇编语言程序中用伪操作指令 IMPORT 声明 fact，程序中只有一个参数，用 R0 传递。

【例 4-37】 汇编语言程序提供变量 i 值，C 语言程序实现 5 个数相加，由汇编语言程序调用 C 语言程序实现 i+2*i+3*i+4*i+5*i。

汇编程序如下：

```
  EXPORT S
STACK_TOP  EQU  0X00002000
  AREA SUMA,CODE,READONLY
  IMPORT g                ;声明 g 为外部引用符号
  DCD STACK _TOP
  DCD S
  ENTRY
S
  STR LR,[SP,#-4]         ;将断点存入堆栈
  ADD R1,R0,R0            ;(R1)=i*2
  ADD R2,R1,R0            ;(R2)=i*3
  ADD R3,R1,R2            ;(R3)=i*5
  STR R3,[SP,#-4]         ;将(R3)即第 5 个参数 i*5 存入堆栈
  ADD R3,R1,R1            ;(R3)=i*4
  BL g                    ;调用 C 语言函数 g( )，返回值保存在 R0 中
  ADD SP,SP,#4            ;调整数据栈指针，准备返回
  LDR PC,[SP],#4          ;恢复断点
  END
int g(int a,int b,int c,int d,int e)
  {
   return a+b+c+d+e;
  }
```

程序中，汇编语言程序调用 C 语言函数时是通过寄存器 R0~R3 将 i~4*i 传递给变量 a~d，通过数据栈将 5*i 传递给变量 e。

2）C 语言程序调用汇编语言程序

程序设计时要特别注意参数的传递，必须遵循 AAPCS。在 C 语言程序中调用汇编语言程序时，在 C 语言程序中要用 extern 声明要调用的汇编语言程序名，在汇编语言程序中要使用 EXPORT 伪操作指令声明本程序可以被其他程序调用。

【例 4-38】 用 C 语言程序调用汇编语言程序求 5!，最后将结果存入 RESULT 单元。

汇编程序如下：

```
extern void fact(int n);
void main( )
 {
  int n=5;
```

```
  fact(n);
}
STACK_TOP EQU 0X00002000
  AREA FAC,CODE
  DCD STACK_TOP
  DCD fact
RESULT DCD 0
  EXPORT fact              ;声明 fact 为外部可引用符号
  ENTRY
fact
  MOV R2,#1
AGN
  MUL R1,R2,R0
  MOV R2,R1
  SUBS R0,R0,#1
  BNE AGN
  STR R2,RESULT
  MOV PC,LR
  END
```

程序中，fact 函数用来求任意数的阶乘，C 语言程序调用汇编语言程序求 5!。在汇编语言程序中，由于外部可以使用符号 fact 调用本程序，所以程序中用 EXPORT 声明符号 fact，另外在 C 语言程序中用 extern 声明了自外部引用的符号 fact。

3. 汇编语言与 C 语言的混合编程

在嵌入式程序设计中，有时需要用汇编语言来实现对具体硬件资源的访问，可以采用在 C 语言程序中嵌入汇编语言程序实现。内嵌的汇编指令与一般指令系统中的指令的区别是：在 C 语言程序中嵌入一段汇编代码，这段汇编代码在形式上表现为独立定义的函数体，遵循 AAPCS。

调用的语法格式如下：

```
_asm
{
  指令序列；
}
```

这段汇编代码在形式上表现为独立定义的函数体，可以认为是嵌入式汇编函数，它遵循 AAPCS。

注意：嵌入式汇编函数的参数不能用在函数体内。

【例 4-39】 嵌入式汇编函数应用举例。

```
#include<stdio.h>
_asm void strcopy(const char* s,const char* d)
{
  LOOP
```

```
        LDRB R2,[R0],#1
        STRB R2,[R1],#1
        CMP R2,#0
        BNE LOOP
        MOV PC,LR
}
void main( )
{
    const char* a="computer";
    char b[10];
    strcopy(a,b);
    printf("original string:%s\n",a);
    printf("copied string:%s\n",b);
}
```

嵌入式汇编函数的参数 s 和 d 对应的是汇编指令中的 R0 和 R1，因为按 AAPCS 需要将实参 a 和 b 的值通过寄存器 R0 和 R1 传递。

第 5 章

中断与异常

5.1 中断概述

5.1.1 中断的基本概念

1. 中断源

引起中断的事件称为中断源,以 Intel 公司的 80x86 系列的 CPU 为例,其可响应 256 个中断源。中断源通常有以下几种。

(1) 外部设备请求中断:一般的外部设备(如键盘、打印机和 A/D 转换器等)在完成自身的操作后,向 CPU 发出中断请求,要求 CPU 为它服务。

(2) 故障强迫中断:计算机在一些关键部位都设有故障自动检测装置。例如,当出现运算溢出、存储器读写错误、电源掉电等故障,都能触发中断,并启动相应的中断处理流程。由计算机硬件异常或故障引起的中断,也称为内部异常中断。

(3) 实时时钟请求中断:在实际应用中会遇到定时检测和控制,为此常采用一个外部时钟电路(可编程)控制其时间间隔。需要定时时,CPU 发出命令使时钟电路开始工作,一旦到达规定时间,时钟电路发出中断请求,由 CPU 转去完成检测和控制工作。

(4) 数据通道中断:也称为直接存储器存取(Direct Memory Access,DMA)操作中断,如磁盘、磁带机或 CRT 等直接与存储器交换数据所要求的中断。

(5) 程序自愿中断:CPU 执行了特殊指令(自陷指令)或由硬件电路引起的中断,它是指当用户调试程序时,程序自愿中断检查中间结果或寻找错误所在而采用的检查手段,如断点中断和单步中断等。

2. 中断请求

中断源向 CPU 提出处理的请求称为中断请求（Interrupt ReQuest，IRQ）。计算机中为每个组件设置一个 IRQ，且不能重复使用。例如，当打印机完成了打印任务时，它就发送一个中断信号到计算机，信号即刻中断计算机以便它能够判断下一个进程。因为如果多个信号同时被发送到计算机请求中断，那么计算机可能不能理解，所以每个设备必须设定一个唯一值及它到达计算机的路径。

3. 中断响应

中断响应是硬件对中断请求做出响应的过程，包括识别中断源、保留现场、引出中断处理程序等过程。在中断响应中，CPU 暂停现行程序而转为响应中断请求。中断响应是为了解决中断的发现和接收问题，是由中断管理装置完成的。

4. 中断断点和中断返回

发生中断时被打断程序的暂停点称为中断断点，即程序即将执行但由于中断没有被执行的指令地址。返回中断断点的过程称为中断返回。系统在处理完中断程序后，通常将中断断点赋给 PC 指针，实现中断返回。

5. 中断向量

中断服务程序的入口地址称为中断向量。通常，中断向量的位置处存放一条跳转到中断服务程序入口地址的跳转指令。由硬件产生的中断标识码被称为中断类型号。CPU 根据中断类型号获取中断向量值，即对应中断服务程序的入口地址值。为了让 CPU 能够根据中断类型号查找到对应的中断向量值，就需要在内存中建立一张查询表，即中断向量表。

6. 中断屏蔽

在某些情况下，CPU 可能暂时不对中断请求做出响应，这称为中断屏蔽。按照中断信号是否可以被屏蔽，可将中断分为两大类：不可屏蔽中断（又称非屏蔽中断，Non Maskable Interrupt，NMI）和可屏蔽中断（Interrupt Require，INTR）。不可屏蔽中断源一旦提出请求，CPU 必须无条件响应；而对可屏蔽中断源的请求，CPU 可以响应，也可以不响应。对于可屏蔽中断，除受本身的屏蔽位控制外，还要受一个总的控制，即 CPU 标志寄存器中的中断允许标志（Interrupt-enable Flag，IF）位的控制。IF 位为 1，则可屏蔽中断可以得到 CPU 的响应；否则，其得不到 CPU 的响应。IF 位可以由用户控制。

5.1.2 中断的分类

根据中断源是由 CPU 内部产生还是外部产生的，中断分为硬中断（外中断）、软中断（内中断）和异常中断。

1. 硬中断

硬中断信号分为 NMI、INTR、复位（RESET）、调试中断、初始化中断和系统管理类中断等。

NMI 是 CPU 为响应各种突发致命事件而设置的，它与当前 IF 位的状态无关，当 CPU 的 NMI 输入端接收到 0 变为 1（或 1 变为 0）的边沿触发信号后，直接执行相应的中断服务程序。若 CPU 在处理 NMI 请求过程中，另一突发致命事件又发生，导致 NMI 输入信号又有效，则该新的中断请求在 CPU 内部被锁定，只有在当前中断服务程序执行完毕后，CPU 才响应新的被锁定的 NMI 请求。计算机系统中，当出现数据传输通道奇偶校验错、后备电池故障、适配器插拔错误和协处理器有中断请求时，均产生 NMI 请求。

INTR 是 CPU 为响应各种外设中断请求而设置的，通常为电平触发。当 CPU 的 INTR 输入端接收到 0 变为 1（或 1 变为 0）的边沿触发信号后，若 IF 位为 1，则 CPU 响应该中断请求；若 IF 位为 0，则 CPU 不响应该中断请求。INTR 信号应保持到 CPU 将当前正在执行的指令运行结束，直到输出中断响应信号后。在实时模式下，CPU 每执行一条指令，便通过内部中断控制逻辑检测是否有新中断请求。当检测到 INTR 输入信号有效且 IF 位为 1 时，CPU 便实时响应外设中断请求，同时向外设输出中断响应信号，根据外设提供的中断向量号执行对应的中断服务程序。

2. 软中断

软中断和 NMI 类似，不受 IF 位状态控制。软中断向量号由指令给出，因此不需要执行中断响应周期识别中断向量。另外，软中断在指令中的位置已知，不具有硬中断的随机性。

3. 异常中断

异常中断和软中断类似，不受 IF 位状态控制，是某些指令在执行过程中检测到不可预测的错误而产生的，分为故障（Faults）、陷阱（Traps）和失败（Aborts）等。

故障，是在当前指令执行结束前产生的异常中断，通常可以纠正。例如，在虚拟存储系统中，当 CPU 访问页中的操作数不在当前内存中，便产生缺页异常中断，该中断服务程序执行从外存中读取所需的操作数，并送入指定的主存区域，再从中断服务程序返回主程序，重新执行该指令。

陷阱，是在产生异常指令结束后才被报告，CPU 根据报告转入执行对应的中断服务程序，中断服务程序返回主程序时，执行产生陷阱的指令的下一条指令。

失败，是由系统硬件故障或系统信息表中的非法值或不一致值产生的。在此情况下，CPU 无法确定异常指令所在的位置，程序无法继续执行。由于系统不保存有关错误发生位置的任何信息，所以是不可恢复的。一般失败中断的处理程序用于搜集有关 CPU 的诊断信息，重新建立系统各信息表，禁止用户程序继续执行，必要时重新启动系统。

5.1.3 中断优先权和中断嵌套

1. 中断优先权

通常，系统中有多个中断源，当有多个中断源同时发出中断请求时，要求计算机能确定哪个中断更紧迫，以便首先响应。为此，计算机给每个中断源规定了优先级别，称为优先权。这样，当多个中断源同时发出中断请求时，优先权高的中断能先被响应，只有优先权高的中断处理结束后才能响应优先权低的中断。计算机按中断源优先权的高低逐次响应的过程称为优先权排队，这个过程可通过硬件电路来实现，亦可通过软件查询来实现。

计算机的中断优先权从高到低通常为：软中断、不可屏蔽中断、可屏蔽中断。对可屏蔽中断的优先权设定通常有以下 3 种方法。

1）软件查询法

软件查询法中断优先权排序，是将各外设的中断请求信号通过逻辑或门电路后，送到 CPU 的 INTR 端，同时把几个外设的中断请求状态位组成一个端口，赋予端口号。当任一外设有中断请求时，CPU 响应该中断请求，进入中断处理程序，通过软件读取端口内容，逐一查询端口的每一位状态，若查询到某一外设有中断请求，就转入对应的中断服务程序。查询程序中设置了外设优先权的高低，先查询优先权高的端口状态位。

2）硬件查询法

硬件查询法中断优先权排序需要将每个外设的对应接口上连接一个逻辑电路，构成一个链式结构控制中断响应信号的通路，如图 5-1 所示。

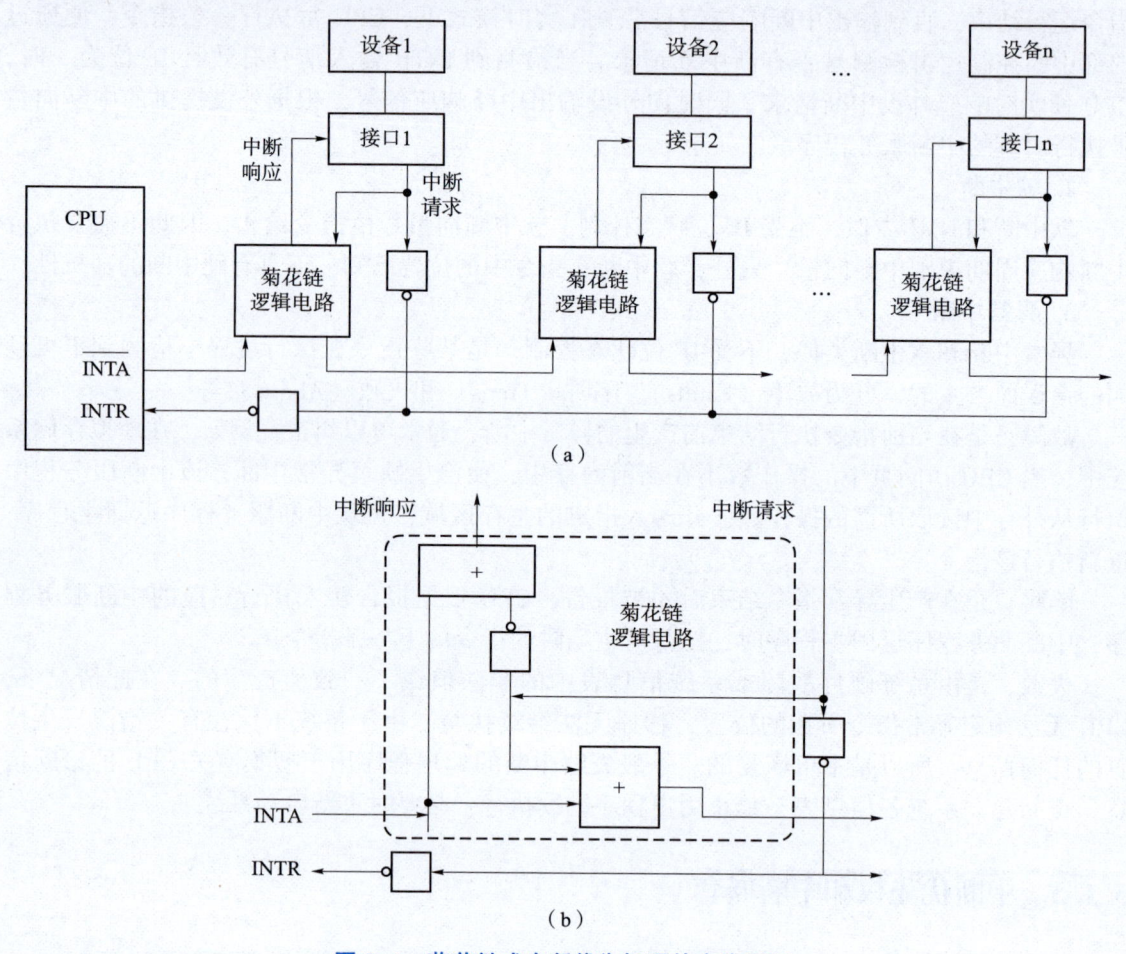

图 5-1 菊花链式中断优先权硬件查询原理
(a) 菊花链式硬件查询；(b) 菊花链逻辑电路

当任一外设向 CPU 的 INTR 端发出中断请求信号后，CPU 发出中断响应 INTA 信号。当前一个外设没有发出中断申请时，INTA 信号会沿菊花链逻辑电路向后传递，直至传送到发出中断请求的端口。当某一外设发出中断请求信号时，该端口连接的逻辑电路就会阻塞 INTA 通路，后面的外设就无法接收到 INTA 信号。该外设接收到 INTA 信号后，撤销中断请求信号，向总线发送中断类型号，从而 CPU 可以转入相应的中断服务程序。

当多个外设同时向 CPU 发送中断请求信号时，最接近 CPU 的接口优先得到中断响应，从硬件线路上确定了 CPU 对外设中断响应的优先权。

3）矢量法

矢量法中断优先权排序需要采用中断优先权控制器，图 5-2 所示为一个典型的矢量中断优先权控制器原理框图。

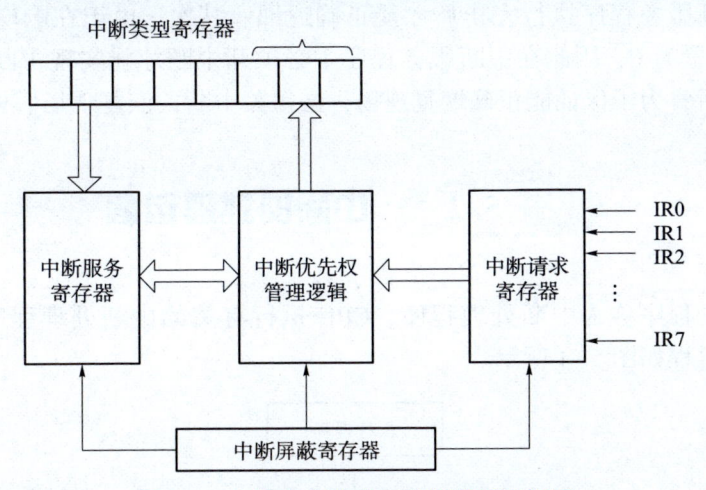

图 5-2 矢量中断优先权控制器原理框图

该控制器可以有 8 个外设中断请求 IR0~IR7 送入中断请求寄存器，中断屏蔽寄存器可由用户设置屏蔽某些位的中断请求。中断优先权管理逻辑电路用来判别出最高优先权的中断请求，将其编号送入中断类型寄存器的低 3 位及中断服务寄存器。此后，中断优先权控制器向 CPU 发出中断请求信号，当中断请求被允许时，CUP 给出中断允许信号，开始执行中断服务程序。中断处理结束后，中断服务寄存器相应位清零，这样级别较低的中断请求才能得到响应。

2. 中断嵌套

当 CPU 响应某一中断时，若有优先权高的中断源发出中断请求，则 CPU 能中断正在执行的中断服务程序，并保留这个程序的断点（类似于子程序嵌套），响应高级中断；高级中断处理结束以后，CPU 再继续执行被中断的中断服务程序，这个过程称为中断嵌套。如果发出新的中断请求的中断源的优先权与正在处理的中断源同级或更低，则 CPU 不会响应这个中断请求，直至正在处理的中断服务程序执行完以后才能去响应新的中断请求。

图 5-3 所示为一个二级可屏蔽中断嵌套示意。CPU 在响应中断请求时，首先需要保护

（中断优先权：1#>2#）

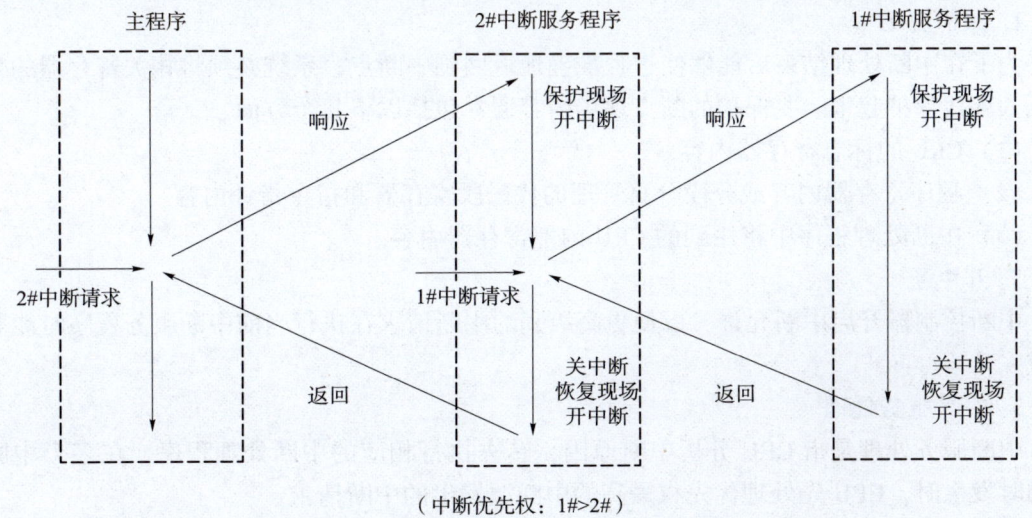

图 5-3 二级可屏蔽中断嵌套示意

现场，这样在中断服务程序执行完毕后才能正确返回。其次，由于在响应可屏蔽中断请求后，CPU 将 IF 位置为 0，因此在中断服务程序中必须开中断才能实现中断嵌套。在中断服务程序执行的最后，为了保证能正确恢复现场，必须关中断，恢复现场后再开中断返回。

5.2 中断的处理过程

处理中断源的程序称为中断处理程序。CPU 执行有关的中断处理程序称为中断处理。中断处理的一般过程如图 5-4 所示。

```
保护现场
  ↓
开中断
  ↓
中断服务处理
  ↓
关中断
  ↓
恢复现场
  ↓
开中断
  ↓
中断返回
```

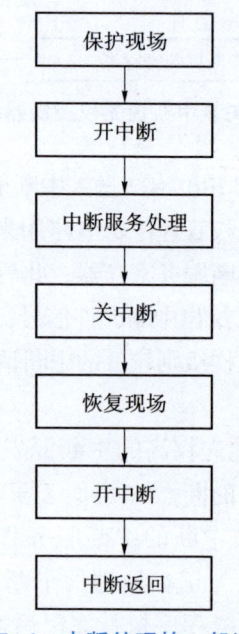

图 5-4　中断处理的一般过程

1. 保护现场

为了在中断处理结束后能够使进程准确地返回到中断点，系统必须将相关寄存器的当前值压入堆栈保护起来。要保护的断点现场内容通常包括以下几个方面。

（1）CPU 的标志寄存器内容。

（2）程序寄存器内容或分段分页管理的代码段寄存器和指令指针内容。

（3）中断处理程序中将用到的 CPU 内部寄存器内容。

2. 开中断

中断控制器开启中断允许，以便更高级别的中断请求在执行当前中断服务程序时能获得响应。

3. 中断服务处理

中断服务处理是指 CPU 分析中断原因，转去执行相应的中断处理程序。在多个中断请求同时发生时，CPU 先处理优先权最高的中断源发出的中断请求。

4. 关中断

关中断是指保证在恢复现场时不被新的中断打断。

5. 恢复现场

恢复现场是指恢复被中断进程的现场，将堆栈里的信息弹出，以便 CPU 继续执行原来被中断的程序。

6. 开中断

开中断是指中断返回后 CPU 可以响应新的中断请求。

7. 中断返回

中断返回是指通过返回指令将断点地址送回程序计数器，CPU 继续执行被中断的程序。

5.3 Cortex-M3 中断系统

Cortex-M3 相比于早期的 ARM 版本具有更先进的中断系统，该中断系统具有以下特点。

（1）内建的嵌套向量中断控制器（Nested Vectored Interrupt Controller，NVIC）支持多达 240 个外部中断源；中断嵌套由硬件完成；向量化的中断功能缩短了中断延迟，因为不需要软件判断中断源。

（2）在进入中断异常服务程序时，自动将 R0~R3、R12、LR、xPSR 和 PC 入栈，并且在返回时自动弹出，不需要汇编语言程序控制，加速了中断响应。

（3）NVIC 支持给每一个中断设置不同的优先权，中断管理灵活，并且能动态修改优先权。

（4）提供新的中断响应机制："尾链中断机制"和"迟到中断机制"。

（5）某些需要多周期才能执行完毕的指令，可以被中断再继续被执行，如多寄存器加载/存储指令（LDM/STM）、多寄存器参与的堆栈指令（PUSH/POP）。

（6）除非系统被彻底锁定，否则 NMI 会在收到请求后立即响应。

5.3.1 Cortex-M3 中断

1. 中断类型及优先权

基于 Cortex-M3 微控制器的中断类型有：系统复位（Reset）、不可屏蔽中断（NMI）、硬件异常（Hard Fault）、存储器管理异常（MemManage Fault）、总线异常（预取中止或数据中止）、用法异常（Usage Fault）、SVC 指令产生的异常（SVCall）、可挂起的系统服务异常（PendSV）、系统定时器中断（SysTick）及外部中断（IRQ）等 256 种。其中，系统内部中断类型号为 0~15，外部中断类型号为 16~255。每个中断向量占 4 个字节，中断向量表的地址范围为 0x00000000~0x000003FF，即占据内存最低地址处 1 KB 空间。它们的优先权及其对应的中断向量地址如表 5-1 所示。从表中可知，系统复位的优先权最高，在任何情况下，只要进入复位状态，系统无条件将 PC 指向 0x00000004，执行系统的第 1 条指令。通常，该地址处存放一条无条件转移指令，指向系统初始化程序首地址。并且，利用中断类型号，可以直接计算出中断向量地址，中断向量地址=中断类型号*4。

表 5-1 中断类型定义

中断类型号	中断类型	优先权	中断向量地址	说明
0	NA	NA	0x00000000	初始主堆栈指针 MSP 的值
1	系统复位	-3（最高）	0x00000004	复位引脚 Reset 有效时进入该状态
2	不可屏蔽中断	-2	0x00000008	外部不可屏蔽中断引脚 NMI 有效
3	硬异常	-1	0x0000000C	用户定义的中断指令，可用于用户模式下的程序调用特权操作
4	存储器管理异常	可编程	0x00000010	MPU 访问冲突及访问非法位置异常
5	总线异常	可编程	0x00000014	总线错误（预取中止或数据中止）
6	用法异常	可编程	0x00000018	程序错误导致的异常
11	SVC	可编程	0x0000002C	系统服务调用（SVC 指令调用）
14	PendSV	可编程	0x00000038	为系统设备而设置的可挂起请求
15	SysTick	可编程	0x0000003C	系统定时器溢出
16~255	IRQ0~IRQ239	可编程	0x00000040~0x000003FC	外部中断 0~239

2. 中断挂起

中断挂起是指当有中断请求在等待处理器处理时，这个中断被保存起来以便处理器后续处理。中断挂起寄存器用于记录虽然发起中断请求但还没有被响应的中断。

当中断输入有效后，该中断就被挂起，如图 5-5（a）所示。如果中断源撤销了该中断请求，对于已经被挂起的中断，当系统中它的优先权最高时，系统也会执行它的中断处理程序。但是，如果在某个中断得到响应前，其挂起状态被清除，则中断被取消，如图 5-5（b）所示。当某个中断服务程序开始执行时，中断进入活跃状态，其挂起状态会被自动清零。只有在某一个中断被执行并且返回后，才能对同一中断的新请求给予响应，如图 5-5（c）所示。中断服务程序也可以在执行过程中，把自己的中断重新挂起。如果某一中断请求始终保存有效，则该中断会在上一次中断服务程序返回后，再次被响应，如图 5-5（d）所示。

3. 堆栈

Cortex-M3 微处理器堆栈的入栈过程采用满递减方式，入栈时地址减小，堆栈指针指向最后一个存储单元。ARM STM32F10x 处理器支持两个堆栈区域，一个是主堆栈，另一个是进程堆栈，分别采用两种不同的堆栈指针。在线程模式下使用主堆栈或进程堆栈；在处理模式下使用主堆栈。在线程模式下，由控制寄存器 CONTROL 的第 1 位 SPSEL 来决定使用主堆栈还是进程堆栈，当 SPSEL=0 时，使用主堆栈指针 MSP 作为当前堆栈指针；当 SPSEL=1 时，使用进程堆栈指针 PSP 作为当前堆栈指针。

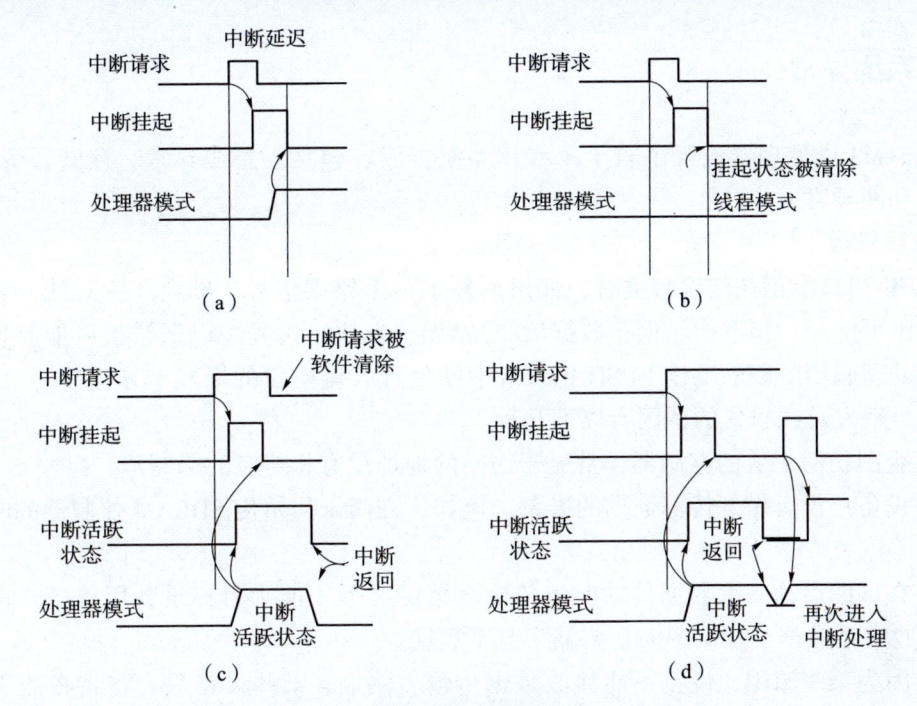

图 5-5　中断挂起

（a）中断挂起；（b）中断在被处理器响应前被清除挂起状态；
（c）处理器进入中断服务程序后对中断活跃状态的设置；
（d）一直维持的中断请求导致中断服务程序返回后再次挂起

4. 尾链中断

当处理器响应某中断时，如果又发生其他中断，但它的优先权不够高，则被挂起。当当前中断处理完返回后，处理器不再 POP 堆栈内容，而继续响应被挂起的中断。这样，后一个中断好像和前一个中断的尾链接起来，处理器只执行一次 PUSH/POP 操作，大大缩短了两个中断服务程序之间的响应间隔，如图 5-6 所示。

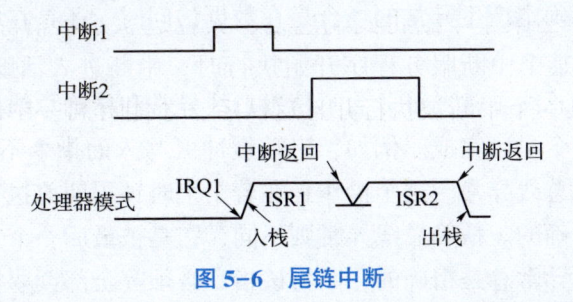

图 5-6　尾链中断

5. 迟到中断

当处理器对某中断/异常的响应还在早期即入栈阶段，还未进入中断服务程序时，如果此时收到更高优先权的中断请求，则本次入栈是为高优先权的中断所做，入栈后，处理器将执行高优先权中断的服务程序。

5.3.2 系统异常

Cortex-M3 微处理器设置了若干个专用系统异常，包括：总线异常、存储器管理异常、用法异常和硬异常。

1. 总线异常

当 AHB 接口上正在传输数据时，如果回复了一个错误信号，则会产生总线异常，产生异常的原因可能是：预取指错误；数据读/写错误。在执行过程中以下错误可能触发总线异常：中断处理起始阶段的堆栈 PUSH 错误或中断处理收尾阶段的堆栈 POP 错误。AHB 回复的错误信号触发总线异常的诱因有以下几种。

（1）企图访问无效的存储器，常见于访问的地址没有相对应的存储器。

（2）设备还没有做好传输数据的准备。例如，在尚未初始化 SDRAM 控制器的时候试图访问 SDRAM。

（3）在试图启动一次数据传输时，传输数据的类型不能为目标设备所支持。例如，某设备只接收字型数据，却试图向它传输字节型数据。

（4）因为某些原因，设备不能接收数据传输。例如，某些设备只有在特权级下才允许访问，可当前却是用户级。

当上述这些总线异常发生时，只要没有同级或更高优先级的异常正在服务，且 FAULT-MASK=0，就会执行总线异常的服务程序。如果在检测到总线异常时还检测到了更高优先级的异常，则先处理后者，而总线异常则被挂起。如果总线异常发生时正在处理同级或更高优先级的异常，则总线异常被迫成为硬异常，使最后执行的是硬异常服务程序（如果当前没有执行 NMI 服务程序，则立即执行硬异常服务程序）。

使能总线异常服务程序，需要在 NVIC 的系统控制及状态寄存器中置位 BUS-FAULTENA 位。需要注意的是，在使能之前，总线异常服务程序的入口地址必须已经在异常向量表中配置好，否则程序可能"跑飞"。NVIC 提供了总线异常状态寄存器（BFSR），通过该寄存器，总线异常服务程序可以确定产生异常的场合是在数据访问时，还是在取指时，抑或是在中断的堆栈操作时。

由数据访问产生的总线异常，可分为不精确总线异常和精确总线异常。在不精确总线异常中，导致此异常的指令早已完成。例如，启动缓冲区写入的指令不知何时已经被执行了，但是写到中途时才触发总线异常。这个操作是在若干个时钟周期前执行的，无法确认发生错误的原因，因此是不精确的。精确总线异常则不同，它是被最后一个完成的操作触发的。例如，存储器读取导致的异常总是精确的，因为该指令必须等全部读取操作完成后才认为执行完成。这样，任何在读取过程中发生的异常总能落在该指令上。由取指和堆栈操作产生的异常总是精确的。

对于精确总线异常，发生错误指令的地址被压在堆栈中。如果 BFSR 中的 BFAR-VALID 位为 1，则还可以确定是在访问哪块存储器时产生该总线异常的，因为该存储器的地址被放到总线异常地址寄存器（BFAR）中。然而，如果是不精确总线异常，那么就无法定位了。

BFSR 的定义如表 5-2 所示。它是一个 8 位的寄存器，并且可以按字访问和按字节访问。如果按字方式访问，则地址是 0xE000ED28，并且第 2 个字节有效；如果按字节方式访问，则地址直接就是 0xE000ED29。

表 5-2　BFSR（地址为 0xE000ED29）的定义

位	名称	类型	复位值	说明
7	BFARVALID	—	0	=1 时表示 BFAR 有效
6:5	保留	—	—	—
4	STKERR	R/Wc	0	入栈时发生错误
3	UNSTKERR	R/Wc	0	出栈时发生错误
2	IMPRECISERR	R/Wc	0	不精确的数据访问出错
1	PRECISERR	R/Wc	0	精确的数据访问出错
0	IBUSERR	R/Wc	0	取指时的访问出错

2. 存储器管理异常

存储器管理异常多与 MPU 有关，其诱因常常是某次访问触犯了 MPU 设置的保护策略。另外，某些非法访问，例如，在不可执行的存储器区域试图取指，也会触发一个存储器管理异常，而且即使没有 MPU 也会触发。存储器管理异常的常见诱因包括：访问了 MPU 设置区域覆盖范围之外的地址；向只读区域写数据；用户级下访问了只允许在特权级下访问的地址。

在存储器管理异常发生后，如果其服务程序是使能的，则执行服务程序。如果同时还发生了其他高优先级的异常，则优先处理这些高优先级的异常，存储器管理异常则被挂起。如果此时处理器已经在处理同级或高优先级的异常，或者存储器管理异常服务程序被禁止，则存储器管理异常和总线异常一样变成硬异常，最终执行的是硬异常服务程序。如果硬异常服务程序或 NMI 服务程序的执行也导致了存储器管理异常，则内核将被锁定。

可见，和总线异常一样，存储器管理异常必须被使能才能正常被响应。存储器管理异常在 NVIC 系统控制及状态寄存器中的使能位是 MEMFAULTENA。如果把异常向量表置于 RAM 中，则应优先建立好存储器管理异常服务程序的入口地址。

NVIC 中有一个存储器管理异常状态寄存器（MFSR），由它存储导致存储器管理异常的原因。如果是因为一个数据访问错误（DACCVIOL 位）或一个取指访问错误（IACCVIOL 位），则发生错误指令的地址将被压入堆栈。如果还有 MMARVALID 位被置位，则还能进一步通过读取 NVIC 存储器管理地址寄存器（MMAR）的值，得到引发此异常时访问的地址。

MFSR 的定义如表 5-3 所示。它是一个 8 位的寄存器，并且可以按字访问和按字节访问。并且两种访问方式的地址都是 0xE000ED28，按字节访问时第 1 个字节有效。

表 5-3 MFSR（地址为 0xE000ED28）的定义

位	名称	类型	复位值	说明
7	MMARVALID	—	0	=1 时表示 MMAR 有效
6:5	保留	—	—	—
4	MMSTKERR	R/Wc	0	入栈时发生错误
3	MUNSTKERR	R/Wc	0	出栈时发生错误
2	—	—	—	—
1	DACCVIOL	R/Wc	0	数据访问出错
0	IACCVOL	R/Wc	0	取指访问出错

3. 用法异常

用法异常发生的场合可能有以下几种。

（1）执行了未定义的指令。

（2）执行了协处理器指令（Cortex-M3 不支持协处理器，但是可以通过异常机制来使用软件模拟协处理器的功能，从而可以方便地在其他 Cortex 处理器间移植）。

（3）尝试进入 ARM 状态（因为 Cortex-M3 不支持 ARM 状态，所以用法异常会在切换时产生。软件可以利用此机制来测试某处理器是否支持 ARM 状态）。

（4）无效的中断返回（LR 中包含了无效/错误的值）。

（5）使用多重加载/存储指令时，地址没有对齐。

另外，通过设置 NVIC 的对应控制位，可以在下列场合下也产生用法异常：除数为 0；任何未对齐的访问。

如果用法异常被使能，则在发生用法异常时通常会执行其服务程序。但是如果同时还发生了更高优先级的异常，则用法异常被挂起。如果此时处理器已经在处理同级或高优先级的异常，或者用法异常服务程序被禁止，则用法异常与总线异常和存储器管理异常一样变为硬异常，最终执行的是硬异常服务程序。如果硬异常服务程序或 NMI 服务程序的执行导致了用法异常，则内核将被锁定。

可见，和总线异常及存储器管理异常一样，用法异常必须被使能才能正常被响应。用法异常在 NVIC 系统控制及状态寄存器中的使能位是 USGFAULTENA。如果把异常向量表置于 RAM 中，则应优先建立好用法异常服务程序的入口地址。NVIC 中的用法异常状态寄存器（UFSR）用来存储导致用法异常的原因。在服务程序中，导致用法异常的指令地址被压入堆栈。

UFSR 的定义如表 5-4 所示。它占用 2 个字节，可以按半字访问或按字访问。按字访问时的地址是 0xE000ED28，高半字有效；按半字访问时的地址是 0xE000ED2A。和其他的异常状态寄存器类似，UFSR 里面的位也可以通过写 1 来清零。

表 5-4 UFSR（地址为 0xE000ED2A）的定义

位	名称	类型	复位值	说明
9	DIVBYZERO	R/Wc	0	表示除法运算时除数为 0（只有在 DIV_0_TRP 置位时才会发生）
8	UNALIGNED	R/Wc	0	未对齐访问导致的故障
7：4	—	—	—	保留
3	NOCP	R/Wc	0	试图执行协处理器相关指令
2	INVPC	R/Wc	0	在异常返回时试图非法加载 EXC_RETURN 到 PC。包括非法的指令、非法的上下文及非法的 EXC_RETURN 值。ThereturnPC 指向的指令试图设置 PC 的值
1	INVSTATE	R/Wc	0	试图切入 ARM 状态
0	UNDEFINSTR	R/Wc	0	执行的指令的编码是未定义的——解码出错

4. 硬异常

硬异常是前面讨论的总线异常、存储器管理异常及用法异常上访的结果。如果这些异常的服务程序无法被执行，则它们就会上访（Escalation）成硬异常。另外，在取向量（异常处理是对异常向量表的读取）时产生的总线异常也按硬异常处理。在 NVIC 中的硬异常状态寄存器（HFSR）用来存储产生硬异常的原因。如果不是取向量造成的，则硬异常服务程序必须检查其他异常状态寄存器，以最终决定是谁上访的。HFSR 的定义如表 5-5 所示。

表 5-5 HFSR（地址为 0xE000ED2C）的定义

位	名称	类型	复位值	说明
31	DEBUGEVT	R/Wc	0	硬异常因调试事件而产生
30	FORCED	R/Wc	0	硬异常是总线异常、存储器管理异常或用法异常上访的结果
29：2	—	—	—	
1	VECTBL	R/Wc	0	硬异常是在取向量时发生的
0	—	—	—	

5.3.3 嵌套向量中断控制器

中断控制器是介于 Cortex-M 内核与其他硬件之间的一个部件，负责对其他硬件的中断请求进行管理和控制，一般采用向量中断或嵌套向量中断方式管理中断。当一个外设需要处理器服务时，会向处理器提出中断请求，中断控制器提供一套可编程管理机制，通过软件设置决定对哪一个外设进行中断响应。NVIC 通过对中断优先权的区分，只有当收到一个新的更高优先权的中断请求时，才向处理器提出中断请求，并且可以中断当前正在处理的低优先权的中断处理过程。

NVIC 中包含了一系列用于中断设置和响应的控制寄存器，并以存储器映射的方式来访问。除了包含控制寄存器和中断处理的控制逻辑，NVIC 还包含了 MPU 的控制寄存器、SysTick 定时器及调试控制。每个外部中断都在 NVIC 的下列寄存器中具有标志位：使能与除能寄存器、挂起与解挂寄存器、优先级寄存器和活动状态寄存器。

NVIC 最多支持 240 个外部中断输入（通常外部中断写作 IRQs），还支持 NMI 输入 NMI。NVIC 的访问地址是 0xE000E000。除了软件触发中断寄存器可以在用户级下访问以产生软件中断外，其他 NVIC 的中断控制/状态寄存器都只能在特权级下访问，所有的中断控制/状态寄存器均可按字/半字/字节访问。

每一个外部中断都与 NVIC 的下列寄存器相关：中断允许与禁止寄存器、中断挂起与解挂寄存器、中断优先权寄存器、中断活动状态寄存器和中断控制及状态寄存器。另外，异常屏蔽寄存器（PRIMASK、FAULTMASK 及 BASEPRI）、向量表偏移量寄存器、软件触发中断寄存器和优先级分组位段寄存器也对中断处理有重要影响。

1. 中断允许寄存器 SETENA

SETENA 可以允许指定中断，每一位控制一个中断。当该位置 1 时，允许中断；置 0 时无效。对于 Cortex-M3 微处理器，NVIC 配置了 8 个 SETENA，分别为 SETENA0~SETENA7，可设置 256 个（实际上最多 240 个）外部中断是否被允许，如表 5-6 所示。

表 5-6　SETENA 的定义

名称	类型	复位值	地址	说明
SETENA0	R/Wc	0	0xE000E100	中断 0~31 的允许寄存器，共 32 个使能位，中断 #n 允许（异常号 16+n）
SETENA1	R/Wc	0	0xE000E104	中断 32~63 的允许寄存器，共 32 个使能位
…	…	…	…	…
SETENA7	R/Wc	0	0xE000E11C	中断 224~239 的允许寄存器，共 16 个使能位

2. 中断禁止寄存器 CLRENA

CLRENA 可以禁止指定中断，每一位控制一个中断。当该位置 1 时，清除允许，禁止中断；置 0 时无效。对于 Cortex-M3 微处理器，NVIC 配置了 8 个 CLRENA，分别为 CLRENA0~CLRENA7，可设置 256 个（实际上最多 240 个）外部中断是否被禁止，如表 5-7 所示。

表 5-7　CLRENA 的定义

名称	类型	复位值	地址	说明
CLRENA0	R/Wc	0	0xE000E180	中断 0~31 的禁止寄存器，共 32 个禁止位，中断 #n 禁止（异常号 16+n）
CLRENA1	R/Wc	0	0xE000E184	中断 32~63 的禁止寄存器，共 32 个禁止位
…	…	…	…	…
CLRENA7	R/Wc	0	0xE000E19C	中断 224~239 的禁止寄存器，共 16 个禁止位

3. 中断挂起寄存器 SETPEND

SETPEND 可以设置指定的中断被挂起,每一位控制一个中断。当该位置 1 时,挂起该中断;置 0 时无效。对于 Cortex-M3 微处理器,NVIC 配置了 8 个 SETPEND,分别为 SETPEND0~SETPEND7,可设置 256 个(实际上最多 240 个)外部中断是否被挂起,如表 5-8 所示。

表 5-8　SETPEND 的定义

名称	类型	复位值	地址	说明
SETPEND0	R/Wc	0	0xE000E200	中断 0~31 的挂起寄存器,共 32 个挂起位,中断#n 挂起(异常号 16+n)
SETPEND1	R/Wc	0	0xE000E204	中断 32~63 的挂起寄存器,共 32 个挂起位
…	…	…	…	…
SETPEND7	R/Wc	0	0xE000E21C	中断 224~239 的挂起寄存器,共 16 个挂起位

4. 中断解挂寄存器 CLRPEND

CLRPEND 可以设置清除指定中断的被挂起操作,每一位控制一个中断。当该位置 1 时,清除挂起中断;置 0 时无效。对于 Cortex-M3 微处理器,NVIC 配置了 8 个 CLRPEND,分别为 CLRPEND0~CLRPEND7,可设置 256 个(实际上最多 240 个)外部中断是否被清除挂起,如表 5-9 所示。

表 5-9　CLRPEND 的定义

名称	类型	复位值	地址	说明
CLRPEND0	R/Wc	0	0xE000E280	中断 0~31 的解挂寄存器,共 32 个解挂位,中断#n 禁止(异常号 16+n)
CLRPEND1	R/Wc	0	0xE000E284	中断 32~63 的解挂寄存器,共 32 个解挂位
…	…	…	…	…
CLRPEND7	R/Wc	0	0xE000E29C	中断 224~239 的解挂寄存器,共 16 个解挂位

5. 中断优先权寄存器 PRI

PRI 可以设置外部中断源的优先权,数字越低优先权越高。每 8 位编码决定一个中断源的优先权。由于 Cortex-M3 微处理器最多可以支持 240 个外部中断,所示中断优先权寄存器分别为 PRI0~PRI239,如表 5-10 所示。

表 5-10 PRI 的定义

名称	类型	复位值	地址	说明
PRI0	R/Wc	0（8位）	0xE000E400	外中断#0 的优先权
PRI1	R/Wc	0（8位）	0xE000E401	外中断#1 的优先权
…	…	…	…	…
PRI7	R/Wc	0（8位）	0xE000E4EF	外中断#239 的优先权

6. 中断活动状态寄存器 ACTIVE

每个外部中断都有一个活动状态位。在处理器执行了其 ISR 的第 1 条指令后，它的活动状态位就被置 1，并且直到 ISR 返回时才硬件清零。由于支持嵌套，允许高优先权的中断抢占某个 ISR。因此，尽管一个中断被抢占，其活动状态位也依然为 1。ACTIVE 可以按字/半字/字节访问，且为只读，如表 5-11 所示。

表 5-11 ACTIVE 的定义

名称	类型	复位值	地址	说明
ACTIVE0	R	0	0xE000E300	中断 0~31 的活动状态寄存器，共 32 个活动状态位，中断#n 活动状态（异常号 16+n）
ACTIVE1	R	0	0xE000E304	中断 32~63 的活动状态寄存器，共 32 个活动状态位
…	…	…	…	…
ACTIVE7	R	0	0xE000E31C	中断 224~239 的活动状态寄存器，共 16 个活动状态位

7. 中断控制及状态寄存器 ICSR

对于 NMI、SysTick 及 PendSV，可以通过 ICSR 进行设定，ICSR 也记录外部设备申请中断的中断类型号。对于 Cortex-M3 微处理器，由 ICSR 的低 9 位设定中断类型号，利用中断类型号可以得到中断向量地址，从而找到中断服务程序的入口地址，转入中断服务程序。ICSR 的定义如表 5-12 所示。

表 5-12 ICSR 的定义

位	名称	类型	复位值	说明
31	NMIPENDSET	R/W	0	写 1 以挂起 NMI。因为 NMI 的优先权最高且从不被屏蔽，在置位此位后将立即进入 NMI 服务程序
28	PENDSVSET	R/W	0	写 1 以挂起 PendSV；读取它则返回 PendSV 的状态
27	PENDSVCLR	W	0	写 1 以清除 PendSV 的悬起状态

续表

位	名称	类型	复位值	说明
26	PENDSTSET	R/W	0	写 1 以挂起 SysTick；读取它则返回 PendSV 的状态
25	PENDSTCLR	W	0	写 1 以清除 SysTick 的悬起状态
23	ISRPREEMPT	R		为 1 时，表示一个挂起的中断将在下一步时进入活动状态（用于单步执行时的调试）
22	ISRPENDING	R	0	为 1 时，表示当前正有外部中断被挂起（不包括 NMI）
21:12	VECTPENDING	R	0	挂起的 ISR 的编号。如果不止一个中断被挂起，则它的值是这些中断中优先权最高的中断
11	RETTOBASE	R	0	如果异常返回后将回到基级（Baselevel），并且没有其他异常挂起时，此位为 1。若在线程模式下，在某个服务程序中有不止一级的异常处于活动状态，或者在异常没有活动时执行了异常服务例程，则此位为 0
9:0	VECTACTIVE	R	0	当前活动的 ISR 编号，包括 NMI 和硬异常

第 6 章　存　储　器

6.1　存储器的分类

存储器是具有"记忆"功能的设备，它采用具有两种稳定状态的物理器件来存储信息，这些物理器件也称为存储位。现代计算机系统中采用"0"和"1"两个数码的二进制来表示数据，存储位的两种稳定状态也分别表示为"0"和"1"。计算机处理的各种数字和字符，如英文字母、运算符号等，都需要转换成二进制代码才能存储和操作。若干个存储位组成一个存储单元，再由多个存储单元组成一个存储器。每个存储单元可存放一个字节（按字节编址），并对应一个编号，即地址，地址一般用十六进制数表示。

现代计算机系统的存储系统由主存储器（简称主存）、高速缓冲存储器和辅助存储器组成。主存和高速缓冲存储器又称内存，运行中的程序就是保存在内存中的；辅助存储器又称外存，属于外部设备，通常用于长期存放大量数据。

存储器可按多种方式分类：按组织形式可分为主存储器、高速缓冲存储器和辅助存储器；按存储介质的不同可分为半导体存储器、磁表面存储器和光表面存储器等；按数据读/写顺序可分为随机读/写存储器、顺序读/写存储器和堆栈存储器；按存储原理可分为随机存储器（Random Access Memory，RAM）和只读存储器（Read-Only Memory，ROM）。

6.1.1　按存储介质分类

半导体存储器是一种以半导体电路作为存储介质的存储器，具有体积小、存储速度快、易集成等优点，但成本较高，因此主要用作高速缓冲存储器、主存储器、只读存储器、堆栈存储器等。目前广泛应用的半导体存储器主要有 RAM 和 ROM 两大类。RAM 存储单元的内容可根据需要随意取出或存入，且读/写的速度与存储单元的位置无关。这类存储器在断电后存储内容将丢失，因此主要用于存储短时间内使用的程序，例如用作内存。ROM 存储数据稳定，断电后存储内容不会改变。ROM 存储的内容一般是装入整机前事先写好的，工作过程中只能读出，而不像 RAM 那样能快速、方便地加以改写。其结构较简单，读出较方便，因而常用于存储各种固定程序和数据，如基本输入输出系统（Basic Input Output Systerm，BIOS）程序。为便于使用和大批量生产，进一步发展了可编程只读存储器（Programmable Read-Only Memory，PROM）、可擦除可编程只读存储器（Erasable Programmable Read-Only Memory，EPROM）、电可擦除可编程只读存储器（Electrically-Erasable Programmable Read-Only Memory，EEPROM）和闪存（Flash Memory）。

6.1.2　按数据读/写顺序分类

1. 随机读/写存储器

随机读/写是指对数据的读/写不受任何特定顺序的限制。也就是说，当存储器中的数据被读取或写入时，所需要的时间与数据所在的存储单元的位置或所写入的存储单元的位置无关，CPU 可按地址随机访问任意存储单元。在现代计算机系统中，CPU 直接寻址访问的存储器都采用随机读/写方式。

2. 顺序读/写存储器

顺序读/写存储器是指对数据只能按某种顺序来读/写，读/写时间与存储单元的物理位置有关，典型的顺序读/写存储器是 FIFO（First In First Out）存储器。FIFO 存储器是一个"先入先出"的双口缓冲器，即第 1 个进入其内的数据第 1 个被移出，其中一个口作为存储器的输入口，另一个口作为存储器的输出口。

3. 堆栈存储器

与顺序读/写存储器不同，堆栈存储器采用"先进后出"（First In Last Out，FILO）或"后进先出"（Last In First Out，LIFO）的读/写原则。堆栈通常在主存中单独划分一个区域，一端固定作为栈底，另一端浮动作为栈顶，数据的写入和读出都针对栈顶单元进行操作。栈顶的地址存储在专用寄存器 SP 中，其值随数据的进出自动修改。在计算机系统中，堆栈通常用于程序处理中断或子程序调用时保护断点和现场。

6.1.3　按存储原理分类

1. 随机存储器

RAM 按照制造工艺可分为双极型 RAM 和金属-氧化物-半导体场效应晶体管（Metal-Oxide-Semiconductor Field Effect Transistor，MOSFET，简称 MOS）型 RAM。双极型 RAM 由双极型晶体管组成，读/写时间短，但集成度低、功耗大，价格也较高。因此，双极型 RAM

主要用于对读/写速度要求较高的计算机系统中。MOS 型 RAM 比双极型 RAM 的集成度高，因此容量相对较大。RAM 用于存储临时工作数据，掉电后数据丢失，因此又称易失性存储器。按照集成电路内部结构的不同，RAM 又分为静态 RAM、动态 RAM 和同步动态 RAM。

1）静态 RAM（Static Random Access Memory，SRAM）

SRAM 存储单元由多个半导体晶体管（双极型或 MOS 型）组合连接而成，用于保存数据状态。相对于动态 RAM，它不需要刷新电路就能保存其内部存储的数据，因此称为静态 RAM。SRAM 的读/写速度快，主要用作 CPU 与主存之间的高速缓存；但 SRAM 使用的晶体管数量较多，集成度低，掉电不能保存数据，功耗较大，价格也较高。

2）动态 RAM（Dynamic Random Access Memory，DRAM）

DRAM 由单个 MOS 和电容元件组成存储单元，需要存储器控制电路按一定周期对存储单元进行刷新才能保持数据状态，因此称为动态 RAM。DRAM 的读/写速度与 SRAM 相当，但由于需要周期性地刷新数据状态，所以 DRAM 的工作速度远低于 SRAM。由于 DRAM 集成度较高，功耗低，价格比 SRAM 便宜，因此 DRAM 成为大容量 RAM 的主流产品。

DRAM 存储单元电路如图 6-1 所示，通过电容 C 来保存信息：电容 C 存储有电荷时为"1"，没有存储电荷时为"0"。由于电容存在电荷泄漏（放电）现象，时间长了存储的信息会丢失或出现错误，因此，需要周期性地对电容进行充电或刷新。

读/写操作时，CPU 发出的地址信号经行、列译码后选中相应的字线和位线，由 M 导通，信息通过 M 读出电容 C 上的数据或写入电容 C。

电路刷新时，以行为单位进行操作。当某一行选择信号为"1"时，选中该字线，电容上的信息送到刷新放大器，刷新放大电路对电容进行重写。此时，位线始终为"0"，因此电容上的信息不会送到数据总线上。

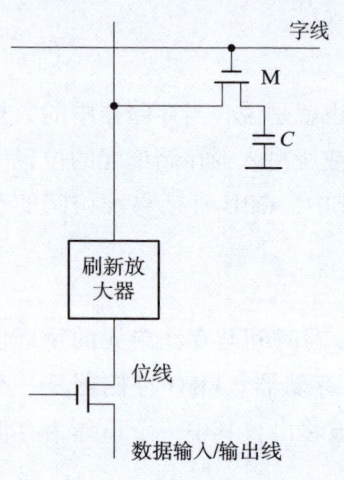

图 6-1　DRAM 存储单元电路

3）同步动态 RAM（Synchronous DRAM，SDRAM）

SDRAM 采用同步方式进行数据读/写，即送往存储器的地址信号、数据信号、控制信号都是在同一时钟信号变化沿（上升沿或下降沿）被采样和锁存；存储器输出的数据也在时钟变化沿（上升沿或下降沿）被锁存到 CPU 内部寄存器。SDRAM 在进行数据读/写时，从输入地址信号、控制信号到数据输出所需的时钟个数都可以通过对 CPU 的方式寄存器编程来确定。这样，在 SDRAM 输入地址信号和控制信号后进行内部操作期间，CPU 和总线主控器可以安全地处理其他任务（如启动其他存储器的读写操作），从而提高系统性能。

SDRAM 采用双存储体结构，包含两个交叉存储阵列，CPU 从一个存储阵列访问数据时，另一个存储阵列已准备好读/写数据，通过两个存储阵列的交互，读数据效率成倍提高。

随着集成技术的发展，又出现了双倍数据速率（Double Data Rate，DDR）SDRAM。DDR SDRAM 运用了更先进的同步电路，使指定地址、数据的输入和输出主要步骤既独立执行，又保持与 CPU 完全同步。SDRAM 只在时钟的上升沿或下降沿进行数据读/写操作，而

DDR SDRAM 不仅在时钟的上升沿进行操作，而且在时钟的下降沿可以进行对等操作。这样，在理论上，DDR SDRAM 的数据传输能力比同频率的 SDRAM 提高一倍。目前 DDR SDRAM 已从 DDR 发展到 DDR4，最多可以在一个时钟周期内传输 16 次数据。

2. 只读存储器

ROM 的特点是信息写入存储器后，能长期保存，不会因电源掉电而丢失信息。计算机在运行过程中，只能读出 ROM 中的信息，不能再次写入。通常，ROM 用于存放计算机系统中固定的程序和数据，如操作系统程序或用户固化程序。

1）掩膜 ROM

掩膜 ROM 利用掩膜工艺制造，数据由厂家一次性写入，一旦做好，用户便不能更改其内容，因此只适用于存储成熟的固定程序和数据，适合批量生产，成本低。

2）PROM

PROM 存储单元内部有行列式的熔丝（或肖特基二极管），可以利用电流将其烧断（或反向击穿），写入所需的数据，但仅能写入一次。PROM 在出厂时，存储的内容全为"1"或"0"，用户可以根据需要将其中的某些单元写入数据"0"或"1"，达到对其"编程"的目的。

3）可擦除 ROM

可擦除 ROM 分为 EPROM 和 EEPROM。EPROM 利用高电压将信息编程写入，抹除时将线路曝光于紫外线下，信息即可被清除，并且可重复使用，通常在封装外壳上会预留一个石英透明窗以方便曝光。EEPROM 的工作原理类似于 EPROM，但是抹除的方式是使用高电场来完成，因此不需要透明窗。

4）闪存

闪存是一种长寿命的非易失性存储器，是 EEPROM 的变种，两者的不同之处是，EEPROM 只能以字节为单位进行删除和重写，而闪存可以以块为单位进行整体的删除和重写，因此读/写速度更快。闪存通常被用来保存系统设置信息，如计算机系统的 BIOS 信息。随着半导体技术的发展，闪存成为比硬盘驱动器更好的存储方案，数码设备中的 Smart Media（SM 卡）、Com-pact Flash（CF 卡）、Multi-Media Card（MMC 卡）、Secure Digital（SD 卡）、Memory Stick（记忆棒）、XD-Picture Card（XD 卡）及固态硬盘（Solid State Drives，SSD）等都是应用闪存技术存储信息的。

NOR 和 NAND 是现在市场上两种主要的非易失闪存技术。Intel 公司于 1988 年首先开发出 NOR 闪存技术，彻底改变了原先由 EPROM 和 EEPROM 一统天下的局面。紧接着，1989 年，东芝公司发布了 NAND 闪存结构，强调可以更低的成本获得更高的性能，并且像磁盘一样可以通过接口轻松升级。

NAND 闪存结构能提供极高的单元存储密度，并且写入和擦除的速度也很快。因此，NAND 较适合存储文件。NAND 器件使用复杂的 I/O 接口来串行地读/写数据，各个产品或厂商的方法可能各不相同。因此，在使用 NAND 器件时，必须先写入驱动程序，才能继续执行其他操作。

NOR 的随机读/写与 SDRAM 类似，存储应用程序后可以直接在其内部运行，这样可以减少 SRAM 的容量从而节约成本，这是嵌入式应用中经常需要的一个功能。NOR 带有 SRAM

接口，有足够的地址引脚来寻址，可以很容易地读/写其内部的每一个字节。NOR 的传输效率很高，在 1~4 MB 的小容量时具有很高的成本效益。

一般来说，NOR 类型的闪存相当于计算机的主存，但是可以存储数据；而 NAND 则相当于硬盘，适合大量数据的存储。

6.2 存储器的主要性能指标

选择存储器时，需要注意存储器的性质和应用范围。不同类型的存储器，其性能指标不相同，通常需要注意以下几个性能指标。

1. 存储容量

存储容量指存储器可存储的二进制信息量。其基本存储单位为位（bit），一般以字节（Byte）或字（Word）来计算。例如，SRAM6264 的存储容量为 8 K×8 bit，即它有 8 K 个存储单元，每个单元存储 8 bit（=1 Byte）。存储容量的常用单位有 KB（1 024 Byte）、MB（1 024 KB）、GB（1 024 MB）和 TB（1 024 GB）。存储器的存储容量越大，存储的信息越多，计算机的运行速度也就越快。

计算机系统可访问的存储容量由 CPU 的地址总线宽度决定。假设一个存储器有 1 MB（$=2^{20}$）个存储单元，CPU 地址总线宽度为 16 根，则 CPU 最大可访问的存储空间为 64 KB（$=2^{16}$）。

2. 读/写时间

存储器的工作速度，通常用读/写时间和读/写周期表示。读/写时间是指从存储器接收到稳定的寻址地址开始，到完成一次数据读取或写入所需的时间。读/写周期是指连续两次独立的存储器读/写操作所需要的最小时间间隔，通常略大于读/写时间。读/写时间越短，计算机的运行速度越快。

3. 可靠性

可靠性指存储器对电磁场及温度等变化的抗干扰能力，以及高速使用时的正确读/写能力。计算机要正确运行，必然要求存储器系统具有很高的可靠性，存储器的任何错误都可能导致计算机无法工作。

4. 功耗

使用低功耗的存储芯片构成存储系统，不仅可以降低对电源容量的要求，还可以提高存储系统的可靠性。一般来说，MOS 型存储器的功耗小于双极型存储器。功耗是便携式系统的关键指标之一，它不仅表示存储芯片所需的能量，还影响系统的散热。但功耗与计算机运行速度通常成正比。

5. 工作电压

存储芯片的供电电压根据芯片类型的不同而不同。一般 TTL 型存储芯片的供电电压为+5 V，而 MOS 型存储芯片的供电电压为+3~+18 V。

6. 价格

存储芯片的价格通常包括两部分：单位存储单元的价格和存储芯片所需外围电路的价

格。在半导体存储器中，存取时间短的存储器的价格较高；单片容量大的存储芯片相对成本低；不需要外围电路的存储芯片相对成本低。存储芯片的价格是确定计算机存储系统的重要因素，合理配置存储芯片的类型非常重要。

6.3 计算机的存储系统

计算机系统总希望存储器速度能与 CPU 速度匹配，使 CPU 的高速性能得到最大限度发挥；在存储系统的容量上又希望能存放所有系统软件和多个用户软件；同时，希望存储器的价格占整个计算机系统硬件价格的比例较小且合理。然而，实际上，存储器的价格、读/写速度和存储容量的要求是相互冲突的。在存储器所用器件一定的条件下，存储容量越大，会因延迟增加而使速度降低；存储容量越大，价格越高；存储器的读/写速度越快，价格也越高。因此，为满足计算机系统对存储器性能的要求，系统中必然使用多种不同工艺的存储器组成存储系统，使所有信息以各种方式分布于不同的存储器上。

层次化存储系统如图 6-2 所示，可分为 5 级：寄存器、Cache、主存储器、虚拟存储器和外部存储器。其中，寄存器总是在 CPU 内部，程序员可通过寄存器名访问，无总线操作，访问速度最快；其余 4 级均在 CPU 外部，Cache 和主存储器构成内存储器系统，程序员通过总线寻址访问存储单元，访问速度较寄存器差；虚拟存储器对程序员而言是透明的；外部存储器的存储容量最大，需通过 I/O 接口与 CPU 交换数据，访问速度最慢。

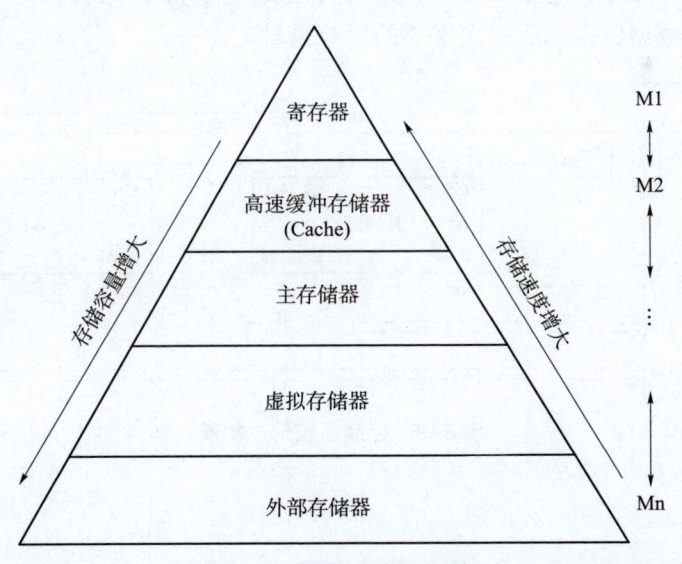

图 6-2 层次化存储系统

总体而言，要求不同存储器间（M1~Mn）结合辅助软、硬件功能，在逻辑上组成一个整体，使整个存储系统的访问速度接近于访问速度最快的 M1，存储容量接近于存储容量最大的 Mn，价格接近于价格最低的 Mn。CPU 在访问存储器时，首先访问 M1，如果在 M1 中找到所需的数据（称为"命中"），则直接读/写；如果在 M1 中找不到所需的数据（称为"失效"），则将 M2 中包含数据的块调入 M1；若在 M2 中仍然找不到所需数据，则继续访问 M3，以此类推。

6.4 存储器的扩展技术

在实际计算机系统中，单片存储芯片通常无法满足存储容量的需求，需要进行存储容量和的扩展。例如，Intel 2114 芯片的存储容量为 1 K×4 bit，即字数为 1 K，每个字为 4 bit。如果要组成 1 K×8 bit 的存储器，则需要在位数上进行扩展，称为位扩展。如果要组成 2 K×4 bit 的存储器，则需要在字数上进行扩展，称为字扩展。如果要组成 2 K×8 bit 的存储器，则需要在字、位上同时进行扩展，称为字位扩展。存储器进行扩展时，各存储芯片的对应地址线、读/写控制线、片选信号和数据线应与 CPU 系统总线正确连接。

6.4.1 位扩展

位扩展技术是指增大存储芯片的数据位数，即数据字长。存储器进行位扩展时，将多片存储芯片的地址、片选、读/写信号线并联，数据线单独引出，连接到数据总线。

【例 6-1】 用 1 K×4 bit 的 Intel 2114 芯片组成 1 K×8 bit 的存储器。

解：具体线路连接如图 6-3 所示。当 CPU 访问该 1 KB 存储器时，发出的地址信息和控制信息同时送到 2 片芯片，选中各芯片中相同的地址单元，2 片芯片同时向数据总线送出组成一个字节的 8 位数据位，完成一次字节的读/写操作。

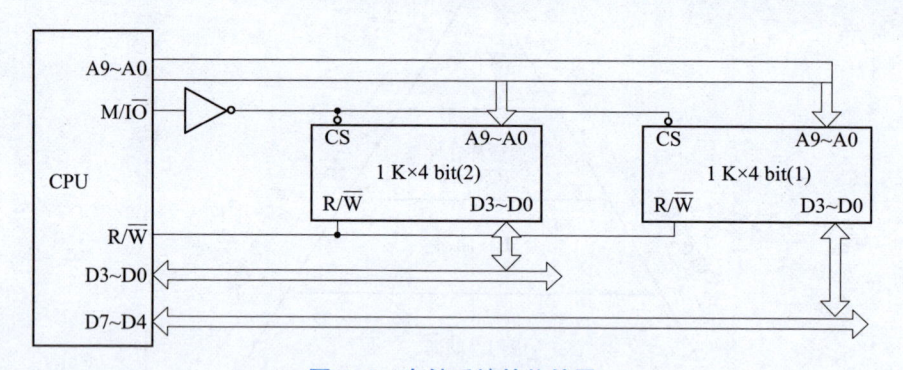

图 6-3 存储系统的位扩展

6.4.2 字扩展

字扩展技术是指增加存储器的字节数量，即存储容量。当用一片字长为 8 位的芯片或经位扩展后的一个 8 位的芯片组不能满足存储容量要求时，就需要进行字扩展。存储器进行字扩展时，将各芯片的地址线、数据线、读/写信号线并联，而由片选信号线来区分各芯片地址范围。

【例 6-2】 用 1 K×8 bit 的芯片组成 2 K×8 bit 的存储器。

解：具体线路连接如图 6-4 所示，其中 74LS139 为两个 2 线-4 线译码器。各芯片的地址线（A0~A9）、数据线（D0~D7）和读/写控制线（R/$\overline{W}$）按功能分别与 CPU 系统总线连接，而 2 片芯片的片选分别连接到片选地址译码器的不同输出。系统高位地址线 A10 和 A11 作为译码器输入，当 A11A10＝00 时选中芯片（1），当 A11A10＝01 时选中芯片（2），每个芯片有不同的地址，从而扩展了存储单元的数量。

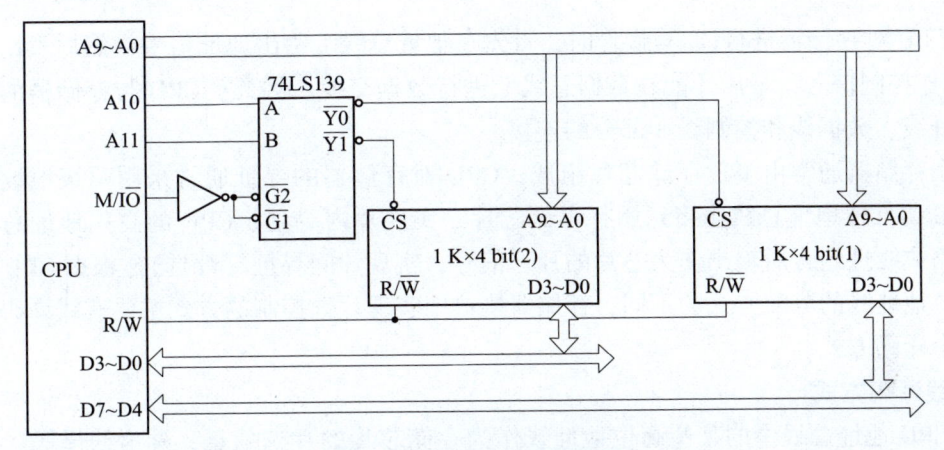

图 6-4 存储系统的字扩展

6.4.3 字位扩展

实际存储器通常需要字和位同时扩展。若一片存储芯片的存储容量为 $M×N$ bit，需要组成一个存储容量为 $L×K$ bit 的存储器，那么该存储器需要的这类芯片数量应为 $L/M×K/N$ 片。

【例 6-3】 用 1 K×4 bit 的芯片组成 2 K×8 bit 的存储器。

解：具体线路连接如图 6-5 所示。各芯片的地址线（A0~A9）、数据线（D0~D7）和读/写控制线（R/$\overline{W}$）按功能分别与 CPU 系统总线连接，而 4 片芯片的片选分别连接到片选地址译码器的不同输出。系统高位地址线 A10 和 A11 作为译码器输入，当 A11A10＝00 时选

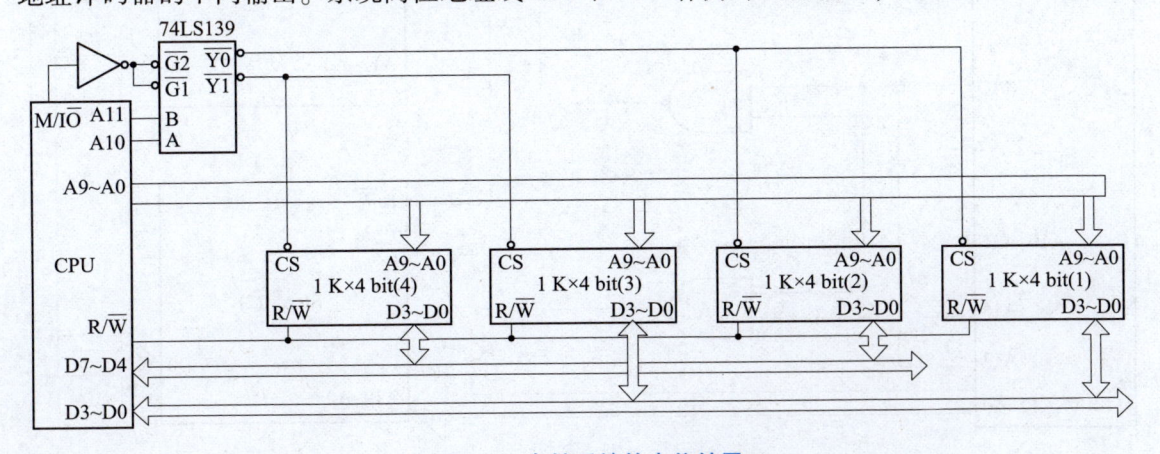

图 6-5 存储系统的字位扩展

中芯片（1）和（2），2 片芯片的数据同时输出组合为一个字节；当 A11A10 = 01 时选中芯片（3）和（4），2 片芯片的数据同时输出组合为一个字节，从而同时扩展了存储器数据位数和存储单元数量。

6.5 存储器的片选控制

在 CPU 对存储器进行读/写操作时，首先在地址总线上给出地址信号，然后发出相应的读/写操作控制信号，最后才能在数据总线上进行数据交换。因此，CPU 与存储器的连接应包括地址线、数据线和控制线 3 部分的连接。

一个存储器通常由多片存储芯片组成，CPU 对存储器的寻址通常采用两级地址译码方式：CPU 的低位地址总线连接到所有存储芯片，实现片内寻址；CPU 的高位地址总线通过译码电路或线性组合后输出作为芯片的片选信号，实现片间寻址（片选）。根据 CPU 地址总线中高位地址线的分配方式的不同，存储器接口中实现片选控制的方式主要有线译码、部分译码和全译码方式。

1. 线译码方式

将 CPU 地址总线中的某些高位地址线作为存储芯片的片选信息，称为线译码。线译码方式连接简单，片选信号的产生不需要复杂的逻辑电路。

【例 6-4】 某计算机 CPU 地址总线位宽为 20 位，采用线译码方式实现 2 片容量为 8 K × 8 bit 的静态 RAM 芯片组成存储系统。

解：采用 CPU 地址总线的低 13 位（A12~A0）作为 RAM 芯片片内存储单元寻址，2 片 RAM 的片选信号可由 A19~A13 中的任意一根地址线来控制，如图 6-6 所示，A13 和 M/$\overline{\text{IO}}$

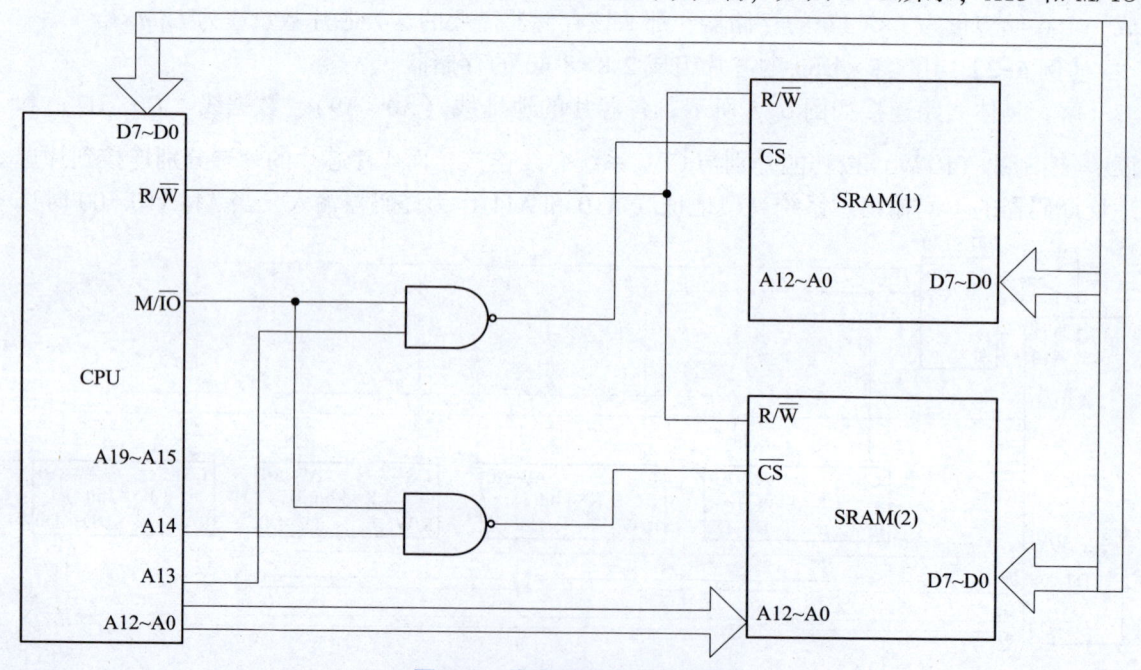

图 6-6 线译码方式电路连接

相结合作为片选信号。A13 为 1 时选中 SRAM（1），A14 为 1 时选中 SRAM（2）。必须注意的是，A13 和 A14 不能同时为 1，否则将会同时选中两片存储芯片，造成访问错误。此时 SRAM（1）的段内地址为 02000H～03FFFH，SRAM（2）的段内地址为 04000H～05FFFH。由于 A19～A15 未做连接，可以为任意值，只要 A13＝1，都选中 SRAM（1）。因此，SRAM 的片内地址是有重叠的，且内存地址不连续，如表 6-1 所示。

表 6-1 线译码地址分配表

芯片号	地址线标号				地址范围
	A19～A15	A14	A13	A12～A0	
SRAM（1）	00000	0	1	0000000000000 ～ 1111111111111	02000H～03FFFH
	00001				0A000H～0BFFFH
	00010				12000H～13FFFH
	00011				1A000H～1BFFFH
	…				…
	11100				E2000H～E3FFFH
	11101				EA000H～EBFFFH
	11110				F2000H～F3FFFH
	11111				FA000H～FBFFFH
SRAM（2）	00000	1	0		04000H～05FFFH
	00001				0C000H～0DFFFH
	00010				14000H～15FFFH
	00011				1C000H～1DFFFH
	…				…
	11100				E4000H～E5FFFH
	11101				EC000H～EDFFFH
	11110				F4000H～F5FFFH
	11111				FC000H～FDFFFH

总之，线译码方式结构简单，节省译码电路，但地址分配有重叠且不连续，不利于存储空间的管理。在存储容量较小且不要求扩充的系统中，线译码方式是一种简单经济的方法。

2. 部分译码方式

部分译码方式是将 CPU 总线中高位地址线的几位经译码器输出后作为片选信号。

【例 6-5】 采用部分译码方式实现用 4 片存储容量为 8 K×8 bit 的 RAM 芯片构成 32 K×8 bit 的存储系统。

解：部分译码方式电路连接如图 6-7 所示。CPU 地址总线的低 13 位（A12～A0）作为 RAM 芯片片内存储单元寻址，A14～A13 经译码器输出后作为 4 片 RAM 的片选信号。部分译码地址分配如表 6-2 所示。由于 A19～A15 地址线未做连接，可以是任意值，因此存储系统地址存在不连续性和重叠。相比于线译码方式，这种方式的寻址空间更大，但比全译码方式的寻址空间小。

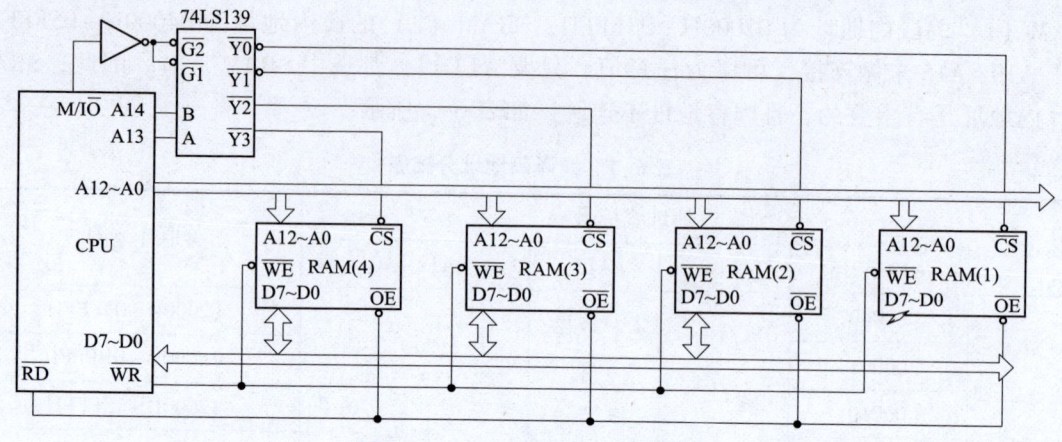

图 6-7 部分译码方式电路连接

表 6-2 部分译码地址分配表

芯片号	A19~A15	A14A13	A12~A0	地址范围
RAM（1）	00000	00	0000000000000 ~ 1111111111111	00000H~01FFFH
	00001			08000H~09FFFH
	…			…
	11110			F0000H~F1FFFH
	11111			F8000H~F9FFFH
RAM（2）	00000	01		02000H~03FFFH
	00001			0A000H~0BFFFH
	…			…
	11110			F2000H~F3FFFH
	11111			FA000H~FBFFFH
RAM（3）	00000	10		04000H~05FFFH
	00001			0C000H~0DFFFH
	…			…
	11110			F4000H~F5FFFH
	11111			FC000H~FDFFFH
RAM（4）	00000	11		06000H~07FFFH
	00001			0E000H~0FFFFH
	…			…
	11110			F6000H~F7FFFH
	11111			FE000H~FFFFFH

3. 全译码方式

全译码方式是将 CPU 的所有地址线都进行译码，低位地址线直接连接存储芯片的地址输入端，高位地址线译码输出后作为各存储芯片的片选信号。

【例 6-6】 某计算机 CPU 地址总线位宽为 20 位，采用全译码方式实现用 4 片存储芯片组成存储系统，其中 2 片为存储容量为 4 K×8 bit 的 ROM 芯片，2 片为存储容量为 8 K×8 bit 的 RAM 芯片。

解：采用 CPU 地址总线的低 12 位（A11~A0）作为 ROM 芯片片内存储单元寻址，A19~A12 经译码器输出后作为 2 片 ROM 的片选信号；低 13 位（A12~A0）作为 RAM 芯片片内存储单元寻址，A19~A13 经译码器输出后作为 2 片 RAM 的片选信号，如图 6-8 所示。各芯片的地址分配如表 6-3 所示。

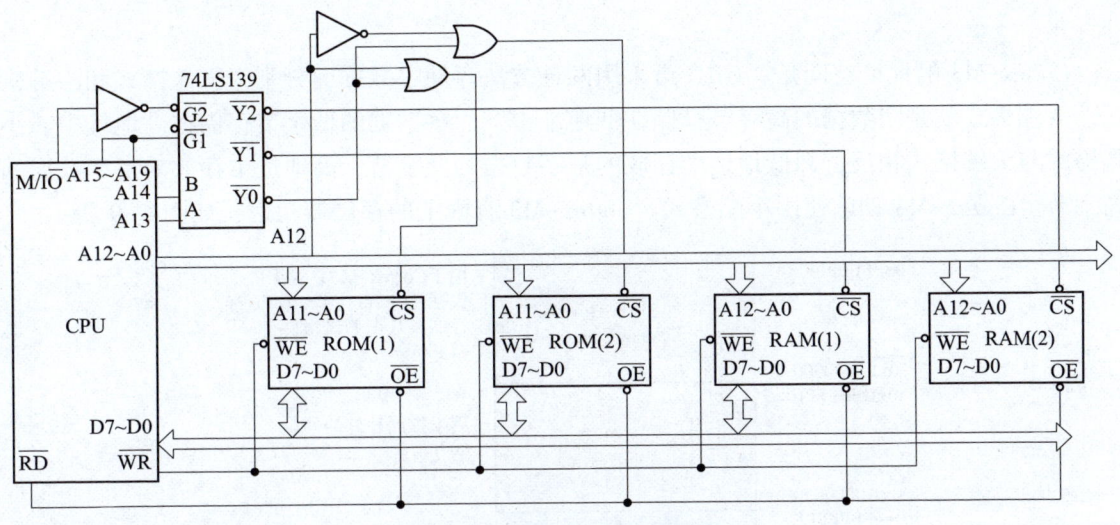

图 6-8 全译码方式电路连接

表 6-3 全译码地址分配表

芯片号	A19~A15	A14	A12~A0	地址范围
ROM（1）	00000	00	000000000000 ~ 011111111111	00000H~00FFFH
ROM（2）	00000	00	100000000000 ~ 111111111111	01000H~01FFFH
RAM（1）	00000	01	0000000000000 ~ 1111111111111	02000H~03FFFH
RAM（2）	00000	10	0000000000000 ~ 1111111111111	04000H~05FFFH

总之，CPU 与存储器相连时，应将低位地址线与存储芯片地址线相连，实现片内寻址；将高位地址线作为存储芯片的片选信号，实现片间寻址。采用线译码方式和部分译码方式时，需要注意地址不连续和有重叠的问题。

另外，CPU 与存储芯片连接的控制信号主要有地址锁存信号（ALE）、读/写选通信号（R/$\overline{\text{W}}$）、存储器或 I/O 选择信号（M/$\overline{\text{IO}}$）、数据允许输出信号（$\overline{\text{DEN}}$）等。数据线经数据缓冲器输出。如前述存储器扩展技术和地址译码技术中，都需要将对应的控制信号线进行正确连接，这样存储系统才能正确工作。

6.6 Cortex-M3 的存储器管理

Cortex-M3 的地址空间是 4 GB，可采用两种方法存储字数据，分别为大端格式和小端格式。大端格式就是字数据的高字节存储在低地址中，而字数据的低字节存储在高地址中。小端格式与大端格式相反，即低地址中存放的是字数据的低字节，高地址中存放的是字数据的高字节。Cortex-M3 默认使用小端格式。Cortex-M3 有固定的存储器映射，如图 6-9 所示。

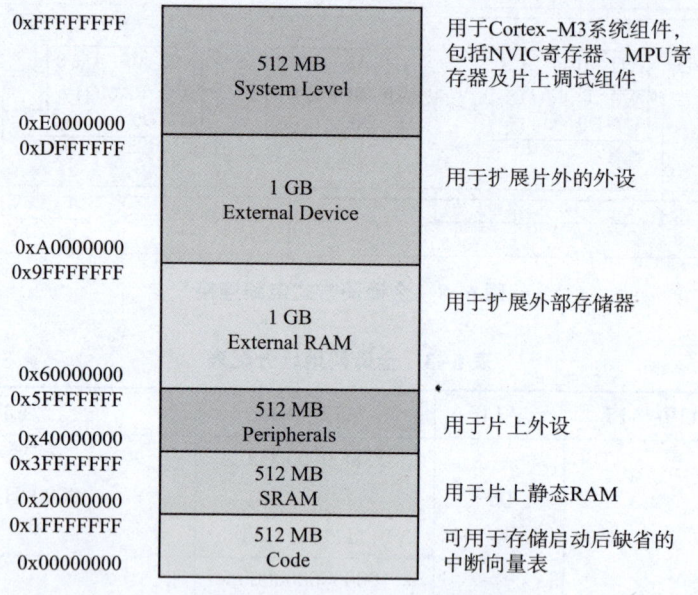

地址	区域	用途
0xFFFFFFFF — 0xE0000000	512 MB System Level	用于Cortex-M3系统组件，包括NVIC寄存器、MPU寄存器及片上调试组件
0xDFFFFFFF — 0xA0000000	1 GB External Device	用于扩展片外的外设
0x9FFFFFFF — 0x60000000	1 GB External RAM	用于扩展外部存储器
0x5FFFFFFF — 0x40000000	512 MB Peripherals	用于片上外设
0x3FFFFFFF — 0x20000000	512 MB SRAM	用于片上静态RAM
0x1FFFFFFF — 0x00000000	512 MB Code	可用于存储启动后缺省的中断向量表

图 6-9 Cortex-M3 存储器映射

Cortex-M3 预先定义好了存储器映射。按照地址由低到高依次是：代码区（0.5 GB）、片上静态 RAM 区（0.5 GB）、片上外设区（0.5 GB）、片外 RAM 区（1 GB）、片外外设区（1 GB）、系统区（0.5 GB）。

程序可以在代码区、片上静态 RAM 区及片外 RAM 区中执行。因为指令总线与数据总线是分开的，最理想的是把程序放到代码区执行，从而使取指和数据访问各自使用自己的总线。片上外设区是把片上外设的寄存器映射到此区，这样就可以简单地以访问内存的方式来访问这些外设的寄存器，从而控制外设的工作。系统区包括中断控制器、MPU 及各种调试组件，如闪存地址重载及断点单元（FPB）、数据观察点单元（DWT）、指令跟踪宏单元（ITM）、嵌入式跟踪宏单元（ETM）、跟踪端口接口单元（TPIU）等。

片上静态 RAM 区和片上外设区都有一个 1 MB 的位带区，该位带区还有一个对应的 32 MB 的位带别名区。位带区对应的是该分区最低的 1 MB 地址范围，而位带别名区里面的每个字对应位带区的 1 bit。位带操作只适用于数据访问，不适用于取指。通过位带的功能，可以把多个布尔型数据打包在单一的字中，却依然可以从位带别名区中，像访问普通内存一样访问它们。例如，通过片上外设区的位带别名区操作，可以快捷访问外设的寄存器，以及访问各种控制位和状态位。

第 7 章

总　线

7.1 总线简介

　　总线是计算机系统中的信息传输通道，由系统中各个部件所共享，是计算机系统中模块与模块间、部件与部件间、设备与设备间传输信息的公用传输线。总线的特点在于其公用性，它可以挂接多个模块、部件或设备。而模块间、部件间、设备间的信号线不能称为总线。

　　为什么计算机系统采用总线结构连接各模块呢？考虑具有 M 个发送模块和 N 个接收模块的计算机系统，如果模块间采用直接连接方式，那么要实现任意收发模块间的信息传输，共需要 $M \times N$ 组连接线。而如果采用总线结构连接，则只需要一组总线，即可将所有模块都连接在总线上，通过控制模块实现各模块间的信息传输。这样，总线结构大大简化了计算机系统的复杂度，也降低了信息传输的错误率。

　　计算机系统中，总线不仅仅是一组传输线，它还包括一套控制模块和信息传输协议。因此，总线也可以看作一个具有独立功能的组成部件。

　　总线标准又称总线协议，是为了实现对总线传输信息的分时共享而制定的相关规则。所有连接到总线上的设备或模块都必须遵守该协议，这样才能有序地分时共享总线。总线标准一般包括信号线、数据格式、时序控制方式、信号电平、控制逻辑和物理连接器的定义等。

7.1.1　总线的分类

　　总线可以从多种角度进行分类。按总线在系统中所处的位置，可分为片总线、系统内总线、系统外总线；按总线功能，可分为数据总线、地址总线和控制总线；按数据传输形式，可分为串行总线和并行总线；按时序控制方式，可分为同步总线和异步总线；按组织形式，可分为单总线、双总线和多级总线。

1. 按总线在系统中所处的位置分类

（1）片总线（又称元件级总线）：指在 CPU 芯片内部的总线。图 7-1 所示是元件级总线，其可以把各种不同芯片连接在一起构成特定功能的信息传输通路，如 ARM 的 AMBA 总线。

（2）系统内总线（又称系统总线或内总线）：系统中各模块间的信息传输通路，是板级总线，如 CPU 模块与主存模块或 I/O 接口之间的传输通路。

（3）系统外总线（又称外总线或通信总线）：计算机系统间或计算机与其他外设间的信息传输通路，如 USB、RS232 总线。

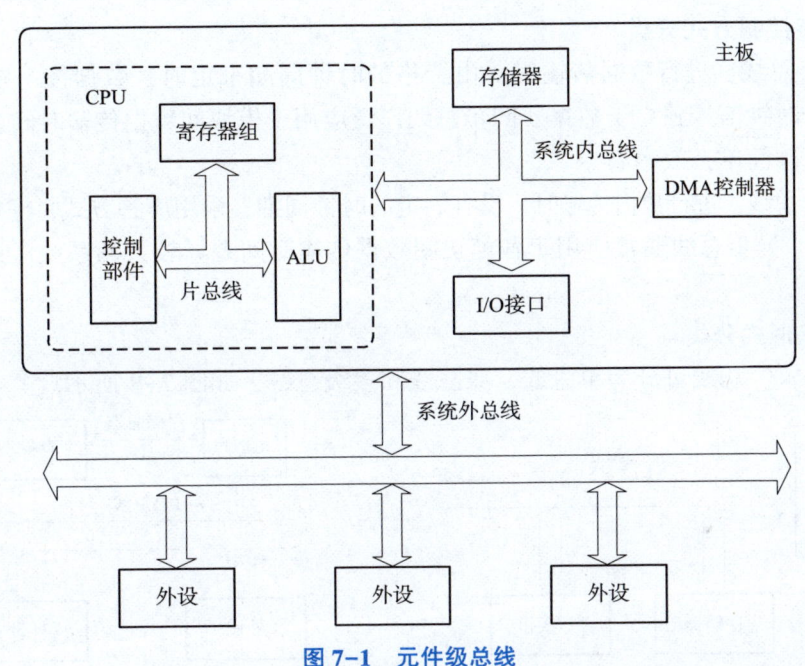

图 7-1　元件级总线

2. 按总线功能分类

（1）数据总线（DB）：用于传输数据信息，通常是双向三态形式的总线，即它既可以把 CPU 的数据传输到存储器或 I/O 接口等其他部件，也可以将其他部件的数据传输到 CPU。数据总线的位数是计算机的一个重要指标，其通常与 CPU 的字长相一致。例如，Cortex-M3 微处理器的字长为 32 位，其数据总线宽度也是 32 位。需要指出的是，数据的含义是广义的，它可以是真正的数据，也可以是指令代码或状态信息，有时甚至可以是一个控制信息。因此，在实际工作中，数据总线上传输的并不仅仅是真正意义上的数据。常见的数据总线有 ISA、EISA、VESA、PCI 等。

（2）地址总线（AB）：专门用来传送地址的总线。由于地址只能从 CPU 传向外部存储器或 I/O 端口，所以地址总线总是单向三态的。地址总线的位数决定了 CPU 可直接寻址的主存空间大小。一般来说，若地址总线为 n 位，则 CPU 最大可寻址空间为 2^n 字节。

（3）控制总线（CB）：用来传送控制信号和时序信号。控制信号中，有从 CPU 送往存储器和 I/O 接口电路的，如读/写信号、片选信号、中断响应信号等；也有从其他部件反馈给 CPU 的，如中断请求信号、复位信号、总线请求信号、设备就绪信号等。因此，控制总线的传送方向由具体控制信号而定，但总体表现出双向传输特性。控制总线的位数要根据系统的实际控制需要而定。

3. 按数据传输形式分类

（1）串行总线：只有一根数据线，二进制数据逐位通过这根数据线传送到目的器件。系统外总线通常采用串行总线，以节约成本，实现远距离信息传输。有些串行总线有 2 根或多根数据线，以实现两个方向的数据传输或差分传输，但每次传输的数据仍是按位传输的。

（2）并行总线：数据线通常超过 2 根，同时并行传输多个二进制位，一般为字节或字长，位数为总线宽度。片总线和内总线一般为并行总线。

4. 按时序控制方式分类

（1）同步总线：进行数据传输时，由严格的时钟周期来定时，数据按一定时钟周期进行传输。同步时钟信号独立于数据。同步总线广泛应用于模块间数据传输时间差异较小的系统，其控制电路简单，效率高。

（2）异步总线：进行数据传输时，没有固定的时钟周期，采用应答方式，操作时间根据数据长度来确定。异步总线通常应用于各模块间数据传输时间差异较大的系统，其控制电路较复杂。

5. 按组织形式分类

按组织形式，总线可分为单总线、双总线和多级总线，如图 7-2 所示。

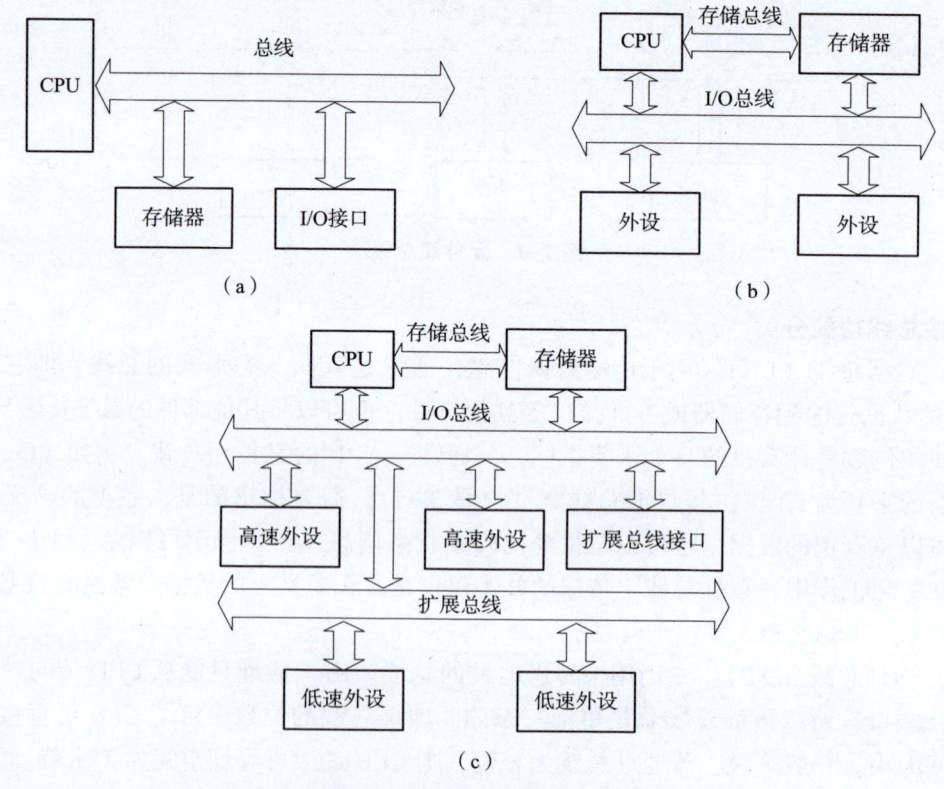

图 7-2 按总线的组织形式分类

（a）单总线结构；（b）双总线结构；（c）多级总线结构

（1）单总线：CPU 与存储器、I/O 设备间通过一根总线进行连接，存储器和 I/O 设备分时使用同一根总线。传统的冯·诺依曼模型就采用的是单总线结构。单总线的结构简单、成本低廉且容易扩充；但带宽有限，传输效率不高。

（2）双总线：为提高总线带宽和数据传输速率，以及克服存储器的访问速度与 I/O 设备的访问速度不一致的矛盾，将存储总线和 I/O 总线分离，构成了双总线结构。

（3）多级总线：随着计算机结构和工艺的不断改进和提高，计算机系统越来越复杂，为解决不同模块、设备和系统间传输速率不一致的问题，现代计算机系统通常采用多级总线结构。

7.1.2 总线的性能指标

总线是计算机系统中信息的传输通道，其性能在很大程度上影响着整体系统的数据传输和处理性能。总线的性能指标包括：总线时钟频率、总线宽度、总线周期数、总线速率、总线带宽和总线负载能力等。

（1）总线时钟频率：总线操作的时钟源每秒产生的脉冲数，反映了总线的工作速度。

（2）总线宽度：总线单次并行传输数据的位数，一般为数据总线的根数。总线宽度越大，每秒传输的数据量越大。但总线宽度越大，需要的物理连接线也越多，就需要占据更多的物理空间，系统成本也就越高。

（3）总线周期数：总线传输一次数据所需要的时钟周期数。

（4）总线速率：单位时间内总线所能传输数据的最大次数。总线速率=总线时钟频率/总线周期数。

（5）总线带宽：单位时间内总线传输的数据量，单位为 MB/s。总线带宽=总线速率×总线宽度/8（总线带宽=总线时钟×总线宽度/8/总线周期数）。

（6）总线负载能力：指当总线接上负载后，总线输入/输出的逻辑电平保持在正常范围内所能挂接的最大模块数目。

7.2 总线仲裁

总线是计算机系统中的公用数据通路，系统中多个设备或模块可能同时申请对总线的使用权，为避免产生总线使用冲突，需由总线仲裁机构合理控制和管理系统中需要使用总线的申请者，在多个申请者同时提出总线请求时，以一定的优先算法仲裁哪个设备或模块应获得对总线的使用权。总线仲裁按照总线仲裁机构的设置可分为集中式仲裁和分布式仲裁两种。

7.2.1 集中式仲裁

集中式仲裁的控制逻辑基本集中在一处，需要中央仲裁器。集中式仲裁又分为串行仲裁、并行仲裁和混合仲裁。

1. 串行仲裁

串行仲裁又称菊花链仲裁。常用的三线菊花链仲裁由总线请求（Bus Request，BR）信号、总线允许（Bus Grant，BG）信号和总线忙（Bus Busy，BB）信号完成，如图7-3所示。串行仲裁模式下，各主控模块在提出总线请求前，首先应检测BB信号是否处于空闲状态，只有在BB信号空闲时，模块才能提出总线请求。总线仲裁器在接收到BR信号后，BG信号串行地从一个模块接口传送到下一个模块接口。假如BG信号到达的模块接口无总线请求，则继续往下查询；假如BG信号到达的模块接口有总线请求，便不再往下查询，该模块获得了总线使用权，并将BB信号置为有效，通知其他设备或模块总线被占用，同时撤销BG信号。模块的总线操作结束后，通知总线仲裁器撤销BB信号，从而允许其他设备重新申请总线使用权。这样，距离总线仲裁器最近的模块具有使用总线的最高优先级，通过模块的优先级排队电路来实现总线使用权的排队。

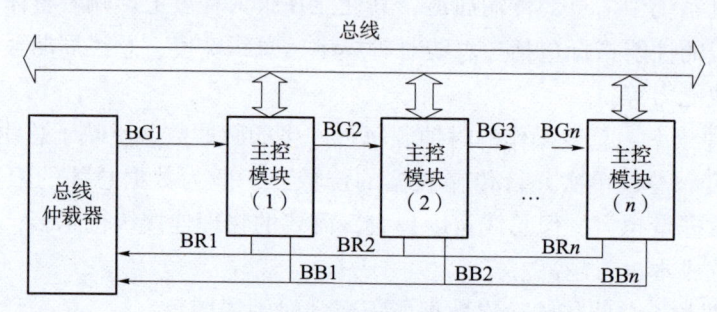

图7-3 串行仲裁原理

串行仲裁方式的优点是只用很少的控制线就能按一定优先次序实现总线仲裁，且与主控设备（主控模块）的数量无关，无论是在逻辑上还是物理上实现都很简单；很容易扩充设备，增加主控设备时，只需要将设备挂到总线上。但是，串行仲裁方式的BG信号需要逐级传递，响应速度慢；对询问链的电路故障很敏感，如果第i个设备的接口中有关链的电路发生故障，那么第i个设备以后的设备都不能进行工作；查询链的优先级是固定的，如果距离总线仲裁器近的设备频繁提出请求，则距离总线仲裁器较远的设备可能长期不能使用总线。

2. 并行仲裁

并行仲裁原理如图7-4所示，每一个共享在总线上的主控设备均有一对总线请求线BR和总线授权线BG信号线。当设备i要使用总线时，便发出该设备的请求信号。总线仲裁器中的排队电路决定首先响应哪个设备的请求，给设备以授权BG信号，并输出BB信号，通知其他设备或模块总线被占用。

并行仲裁方式的优点是响应时间快，避免了总线请求和BG信号的逐级传递延迟；对优先次序的控制相当灵活，既可以预先固定也可以通过程序来改变优先次序；可以用屏蔽（禁止）某个请求的办法，不响应来自无效设备的请求。但这种方式控制信号较多，逻辑复杂；系统可扩充性差，一旦系统设计好，就不易扩充。

3. 混合仲裁

混合仲裁又称多级仲裁，结合了串行仲裁和并行仲裁的优点。按并行仲裁方式有多对

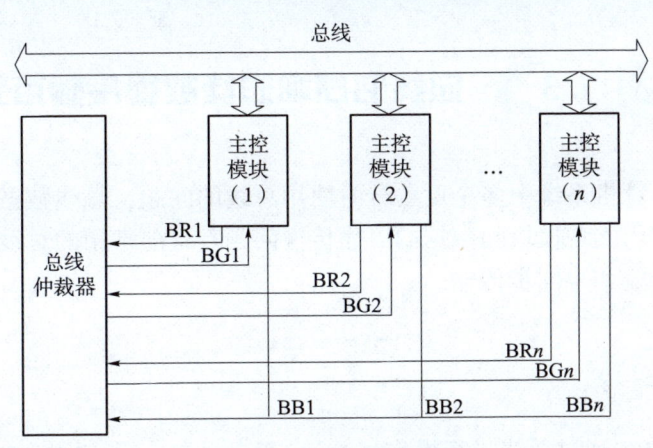

图 7-4 并行仲裁原理

BR 和 BG 信号线与总线仲裁器相连，每一对 BR 和 BG 信号线下又按串行方式可挂接多个设备。图 7-5 所示为混合仲裁原理，4 个主控模块被分为 2 组，（1）和（3）为一组，（2）和（4）为一组，每组有自已独立的总线请求及允许线 BR1/BG1 和 BR2/BG2。各并行请求信号的优先级由总线仲裁器内部逻辑确定，各串行设备的优先级则由电路连接距离总线仲裁器的远近确定。这样，混合仲裁方式既保证了对多个设备响应的速度，又保证了一定的扩充灵活性。

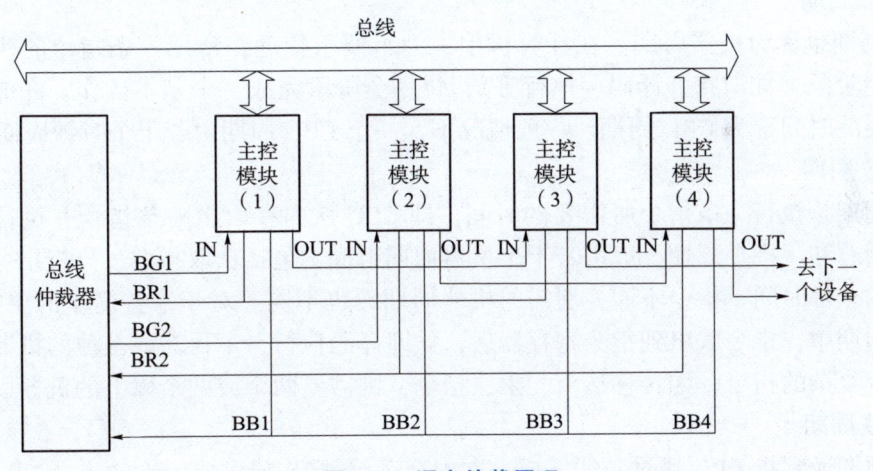

图 7-5 混合仲裁原理

7.2.2 分布式仲裁

分布式仲裁不需要中央仲裁器，每个主控模块都有自己的仲裁号和仲裁器。当它们有总线请求时，把它们唯一的仲裁号发送到共享的仲裁总线上，每个仲裁器将仲裁总线上收到的仲裁号与自己的仲裁号进行比较。如果仲裁总线上的仲裁号大，则它的总线请求不被响应，并撤销它的仲裁号。最后，获胜的仲裁号保留在仲裁总线上。显然，分布式仲裁是以优先级仲裁策略为基础的。

7.3 总线时序和总线数据传输方式

总线仲裁解决计算机系统中多个设备分时使用总线的问题，总线数据传输方式解决掌控总线使用权的设备如何实现模块间数据的可靠传输问题。目前常用的总线数据传输方式主要有同步传输、异步传输和半同步传输。

7.3.1 总线时序

总线时序是指 CPU 通过总线进行操作（如读/写、释放总线、中断响应）时，总线上各信号之间在时间顺序上的配合关系。微处理器执行一条指令是由取指令、译码和执行指令等操作组成的，为了使微处理器的各种操作能协调同步进行，微处理器必须在时钟信号的控制下工作。总线时序和指令操作与时钟周期、CPU 周期、指令周期、总线周期等密切相关。

1. 时钟周期

时钟周期也称振荡周期（如果晶振的输出没有经过分频就直接作为 CPU 的工作时钟，则时钟周期就等于振荡周期），即 CPU 晶振的工作频率的倒数，是计算机中最基本、最小的时间单位。通常称其为节拍脉冲或 T 周期。

2. CPU 周期

CPU 周期也称为机器周期。在计算机中，为了便于管理，常把一条指令的执行过程划分为若干个阶段（如取指、译码、执行等），每一个阶段完成一个基本操作。完成一个基本操作所需要的时间称为 CPU 周期。一般情况下，一个 CPU 周期由若干个时钟周期组成。

3. 指令周期

指令周期是执行一条指令所需要的时间，即 CPU 从内存取出一条指令并执行这条指令所需的时间总和。指令周期一般由若干个机器周期组成，包括从取指令、分析指令到执行完指令所需的全部时间。指令不同，所需的机器周期数也不同。对于一些简单的单字节指令，在取指令周期中，指令取出到指令寄存器后，立即译码执行，不再需要其他的机器周期。对于一些比较复杂的指令，如转移指令、乘法指令，则需要两个或两个以上的机器周期。

4. 总线周期

总线周期通常指 CPU 通过总线完成一次内存读/写操作或完成一次输入/输出设备的读/写操作所需的时间。由于存储器和 I/O 接口是挂接在总线上的，所以 CPU 对存储器和 I/O 接口的访问是通过总线实现的。通常把 CPU 通过总线对微处理器外部（存储器或 I/O 接口）进行一次访问所需时间称为一个总线周期。一个总线周期一般包含多个时钟周期。

7.3.2 总线数据传输方式

1. 同步传输

同步传输利用系统的标准时钟作为系统中各模块信息传输的同步基准，各模块在统一的时钟频率下工作，数据的传输以一个数据区块为单位。如图 7-6 所示，在总线的读周期，

$T1$ 时钟周期 CPU 输出被访问模块的地址，$T2$ 时钟周期 CPU 输出读命令，$T3$ 时钟周期被选中的模块将数据输出到系统数据总线上，$T4$ 时钟周期 CPU 从总线上撤销被访问模块的地址和读命令，完成一次读操作。同步传输方式中，系统中各模块在统一的时钟频率下工作，无须应答信号，控制电路简单，总线传输效率高。目前 CPU 和主存间的数据传输采用同步传输方式。但由于系统中各模块以相同的速度工作，灵活性差，因此，当主设备和从设备的工作速度差异较大时，系统效率低下。

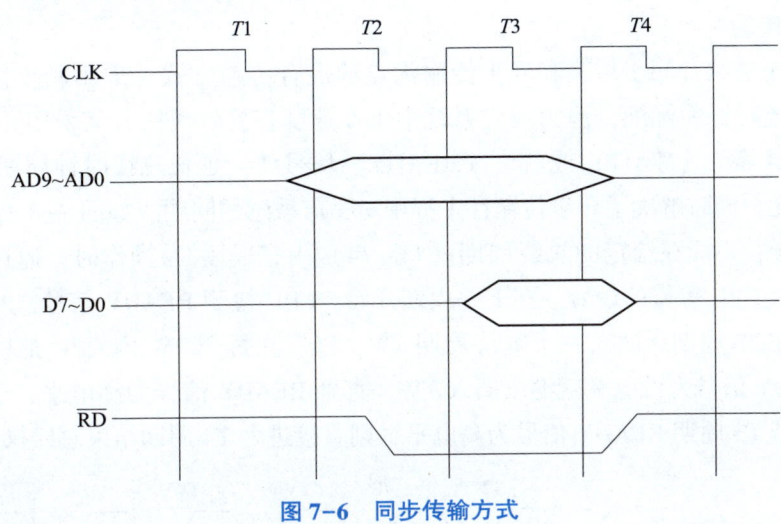

图 7-6 同步传输方式

2. 异步传输

异步传输采用"应答"方式进行数据传输，总线所连接的各模块可根据实际工作速度自动调整总线的数据传输速率。异步传输没有统一的时钟信号，通过非互锁、半互锁和全互锁方式实现收/发双方数据的同步，如图 7-7 所示。

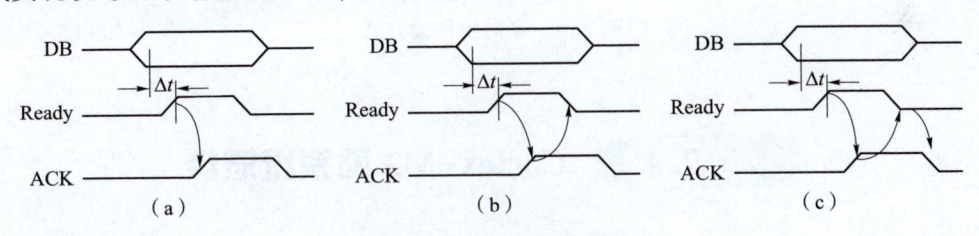

图 7-7 异步传输方式
（a）非互锁；（b）半互锁；（c）全互锁

（1）非互锁方式中，主模块将数据输出到总线并延迟 Δt 后，便输出准备好（Ready）信号通知从模块数据总线上已经有数据，从模块接收到 Ready 信号，将数据总线的数据读取后，输出握手（ACK）信号通知主模块可撤销当前数据总线上的数据，执行下一个数据的传输。由于主/从模块通过固定延时完成读/写操作，因此，当主/从设备的工作速度差异较大时，不能完全确保数据接收方在规定的时间内接收到 ACK 信号，存在工作不可靠的问题。

（2）半互锁方式中，主模块在输出 Ready 信号后，只有在接收到从模块输出的 ACK 信号后，才撤销 Ready 信号。

（3）全互锁方式中，主模块将数据输出到数据总线并延迟 Δt 后，便输出 Ready 信号通知从模块数据总线上已经有数据,从模块接收到 Ready 信号,将数据总线上的数据读取后,输出 ACK 信号通知主模块可撤销当前数据总线上的数据,同时继续检测 Ready 信号是否有效,主模块在接收到从模块的 ACK 信号后,使 Ready 信号无效,从模块在检测到 Ready 信号无效后,撤销 ACK 信号,等待执行下一个数据的传输。在全互锁方式中,Ready 信号和 ACK 信号的宽度是主/从模块根据数据传输的实际情况而实时确定的,这样,同一总线上工作速度各异的模块可根据实际情况调整总线的数据传输速率,实现数据的可靠传输。

3. 半同步传输

半同步传输是结合同步传输和异步传输优点的混合传输方式。采用同步传输方式的主/从模块均以系统时钟为标准,但为适应系统中工作速度各异的模块,又采用异步传输的应答技术,通过设置等待(WAIT)或就绪(READY)信号线,延长总线时钟周期,使各种操作的时间可以变化,同时解决了异步传输在工程中对噪声敏感的问题。如图 7-8 所示,当从模块的工作速度较慢,不能在给定的总线周期($T1 \sim T4$)内完成读/写操作时,通过 READY 信号线发出一个要求 CPU 等待的信号。在下一周期开始,CPU 检测 READY 信号,若 READY 信号为低电平,则在 $T3$ 周期后插入一个等待周期 TW,以后在每个 TW 内 CPU 都检测 READY 信号,只要 READY 信号为低电平就继续插入 TW,直到 READY 信号为高电平,进入 $T4$ 周期结束总线操作。若 $T3$ 周期 READY 信号为高电平,则直接进入 $T4$ 周期结束总线操作。

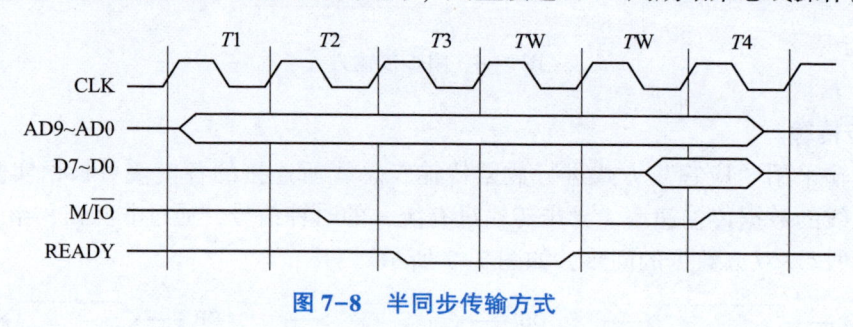

图 7-8 半同步传输方式

7.4 Cortex-M3 的系统总线

由 ARM 公司研发推出的高级微控制器总线架构(Advanced Microcontroller Bus Architecture,AMBA),是用于连接和管理 SoC 中功能模块的开放标准和片上互连规范,将 RISC 处理器集成在其他 IP 芯核和外设中,AMBA 2.0 标准定义了 3 种总线:高级高性能总线(Advanced High-performance Bus,AHB)、高级系统总线(Advanced System Bus,ASB)和高级外设总线(Advanced Peripheral Bus,APB)。基于 AMBA 的一个典型微处理器结构如图 7-9 所示。

完整的 AHB/ASB 可以用作:总线主机;片上存储模块;片外存储器接口;带 FIFO 接口的高带宽外设;DMA 从机外设。简单的 APB 可用作:简单的寄存器映射从机设备;时钟不能够全局布通的超低功耗接口;分组总线外设,以避免挂接到系统总线上。

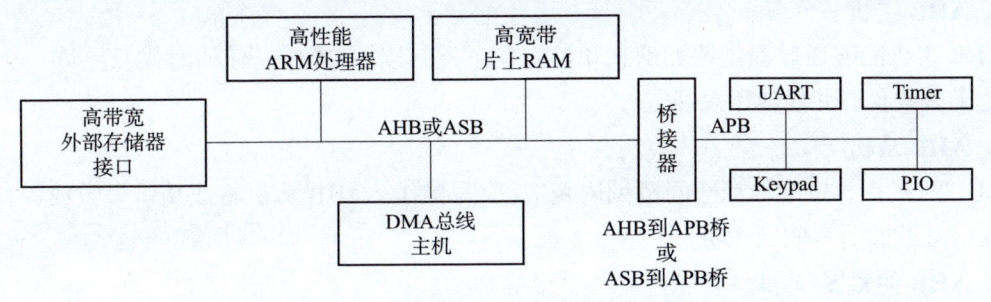

图 7-9　基于 AMBA 总线系统的一个典型微处理器结构

7.4.1　AHB

AHB 是为提出高性能可综合设计的要求而产生的新一代 AMBA 总线。它是一种支持多总线主机和提供高带宽操作的高性能总线。AHB 实现了高性能、高时钟频率系统的以下特征要求：突发传输；分块处理；单周期总线主机移交；单时钟沿操作；非三态执行；更宽的数据总线架构（64 位或 128 位）。AHB 和 ASB 或 APB 能够有效地桥接，确保能够方便集成任何现有的设计。

AHB 的设计可以包含一个或多个主机，一个典型的 AHB 系统至少包含处理器和测试接口。外部存储器接口、APB 桥和片内存储器是 AHB 最常见的从机，低带宽的外设通常连接在 APB 上。如图 7-10 所示，典型的 AHB 系统设计包含以下几个部分。

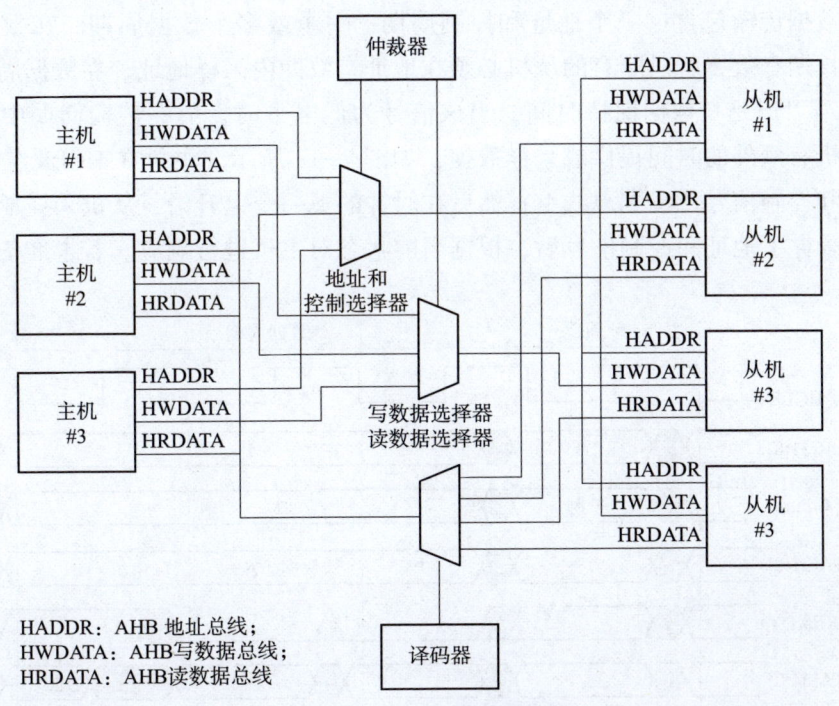

HADDR：AHB 地址总线；
HWDATA：AHB 写数据总线；
HRDATA：AHB 读数据总线

图 7-10　AHB 结构框图

1. AHB 主机

AHB 主机能够通过提供地址信息和控制信息发起读/写操作。任何时候只允许一个 AHB 主机处于有效状态并能使用总线。

2. AHB 从机

AHB 从机在给定的地址空间范围内响应读/写操作。AHB 从机将成功、失败或等待数据传输的信号返回给有效的主机。

3. AHB 仲裁器

AHB 仲裁器确保每次只有一个 AHB 主机被允许发起数据传输。即使仲裁协议已经固定，但对于任何一种仲裁算法，如最高优先级或公平访问都能够根据应用要求而得到执行。AHB 必须只包含一个仲裁器。

4. AHB 译码器

AHB 译码器用来对每次传输进行地址译码，并且在传输过程中包含一个从机选择信号。所有 AHB 执行都必须要求仅有一个中央译码器

在一次 AHB 传输开始之前，AHB 主机必须被授权访问总线，这个过程开始于 AHB 主机向仲裁器发出一个请求信号，由仲裁器确定何时授予主机总线使用权。被授权的 AHB 主机通过驱动地址和控制信号来发起一次 AHB 传输，控制信号包括数据传输方向和宽度，以及传输类型是否为一次突发传输。AHB 允许有两种不同类型的突发传输：增量突发，即在地址边界处不回环；回环突发，即在特定的地址边界上回环。

写数据时，总线将数据从主机传输到从机上；读数据时，总线将数据从从机传输到主机上。每次的数据传输包含：一个地址和控制周期；一个或多个数据周期。在数据传输过程中，地址不长期有效，所以所有的从机必须在地址有效期内采样地址。在数据周期内，通过 HREADY 信号可以延长数据保持时间，当该信号为低电平时，会在传输周期中插入等待状态，以便从机有额外的时间提供或采样数据，如图 7-11 所示。主机在 HCLK 信号的上升沿之后将地址和控制信号传输到总线上；然后在时钟的下一个上升沿，从机采样地址和控制信息；在从机采样了地址和控制信息后，根据当前状态对主机进行响应。若未准备好，则可插入等待周期。

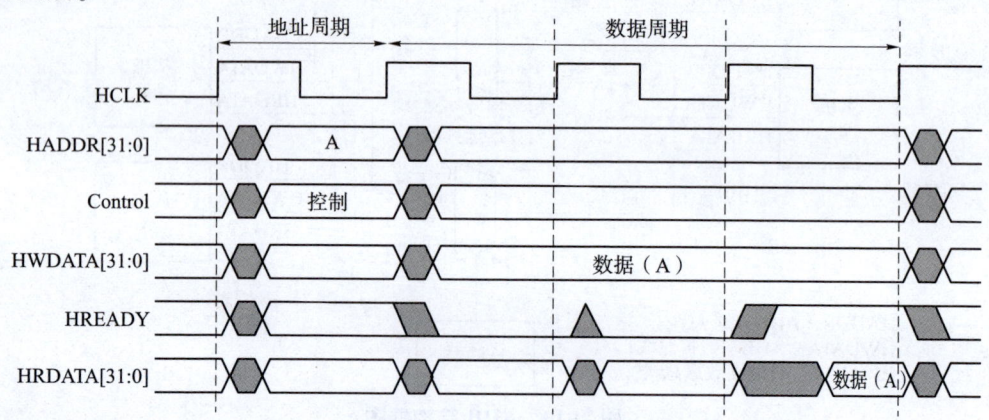

图 7-11　AHB 传输时序图

7.4.2 ASB

ASB 是第一代 AMBA 系统总线，位于当前的 APB 之上，并且实现高性能系统的以下要求：突发传输；通道传输操作；多总线主机。典型的 ASB 系统包括一个或多个主机，例如，至少有处理器和测试接口。外部存储器接口、APB 桥和片内存储器是 ASB 最常见的从机，低带宽的外设通常连接到 APB 上。

典型的 ASB 系统设计包括以下几个部分。

1. ASB 主机

ASB 主机能够通过提供地址和控制信息发起读/写操作。任何时候只允许一个 ASB 主机处于有效状态并能使用总线。

2. ASB 从机

ASB 从机在给定的地址空间范围内响应读/写操作。ASB 从机将成功、失败或等待数据传输的信号返回给有效的主机。

3. ASB 译码器

ASB 译码器将传输地址译码并且选择合适的从机。ASB 译码器确保总线在没有总线传输时也能保持运作。所有 ASB 工具都必须要求仅有一个中央译码器。

4. ASB 仲裁器

ASB 仲裁器确保每次只有一个 ASB 主机被允许发起数据传输。即使仲裁协议已经固定，但对于任何一种仲裁算法，如最高优先级或公平访问都能够根据应用要求而得到执行。ASB 必须只包含一个仲裁器。

7.4.3 APB

APB 是本地二级总线（Localse Secondary Bus），通过桥和 AHB/ASB 相连。它主要是为了实现不需要高性能流水线接口或不需要高带宽接口的设备的互连，具有存储器映射的寄存器接口，通过可编程控制来访问。APB 的总线信号经改进后和时钟上升沿相关，这种改进的主要优点如下：更易实现高频率的操作；性能和时钟的占空比无关；简化了静态时序分析（Static Timing Analysis，STA）单时钟沿；无须对自动插入测试链做特别考虑；更易与基于周期的仿真器集成。APB 只有一个 APB 桥，如图 7-12 所示。它将来自 AHB/ASB 的信号转换为合适的形式，以满足挂在 APB 上的设备的要求。桥要负责锁存地址、数据及控制信号，同时要进行二次译码以选择相应的 APB 设备。

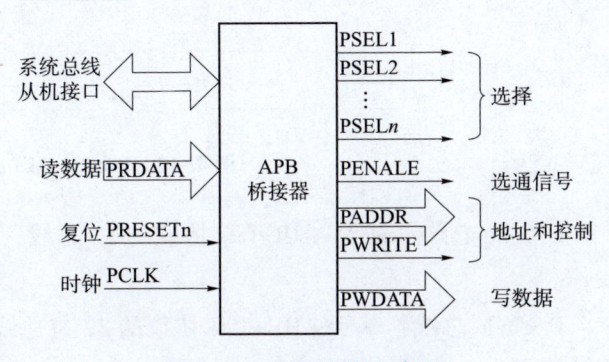

图 7-12 APB 桥接口框图

所有的 APB 模块均是 APB 从机，APB 从机包含以下接口规范：
（1）整个访问中地址和控制信号有效（不分通道）；
（2）当无外设总线活动时接口功耗为 0（外设总线不使用时为静态）；
（3）通过选通脉冲时序译码产生时序（无时钟接口）；
（4）整个访问过程中写数据有效（允许无毛刺透明锁存工具）。

7.4.4 Cortex-M3 的总线接口

Cortex-M3 微处理器的总线接口是基于 AHB-Lite 和 APB 协议的，Cortex-M3 总线的连接如图 7-13 所示。总线矩阵是 Cortex-M3 内部总线系统的核心。它是一个 AHB 互连的网络，通过它可以让数据在不同的总线之间并行传输。

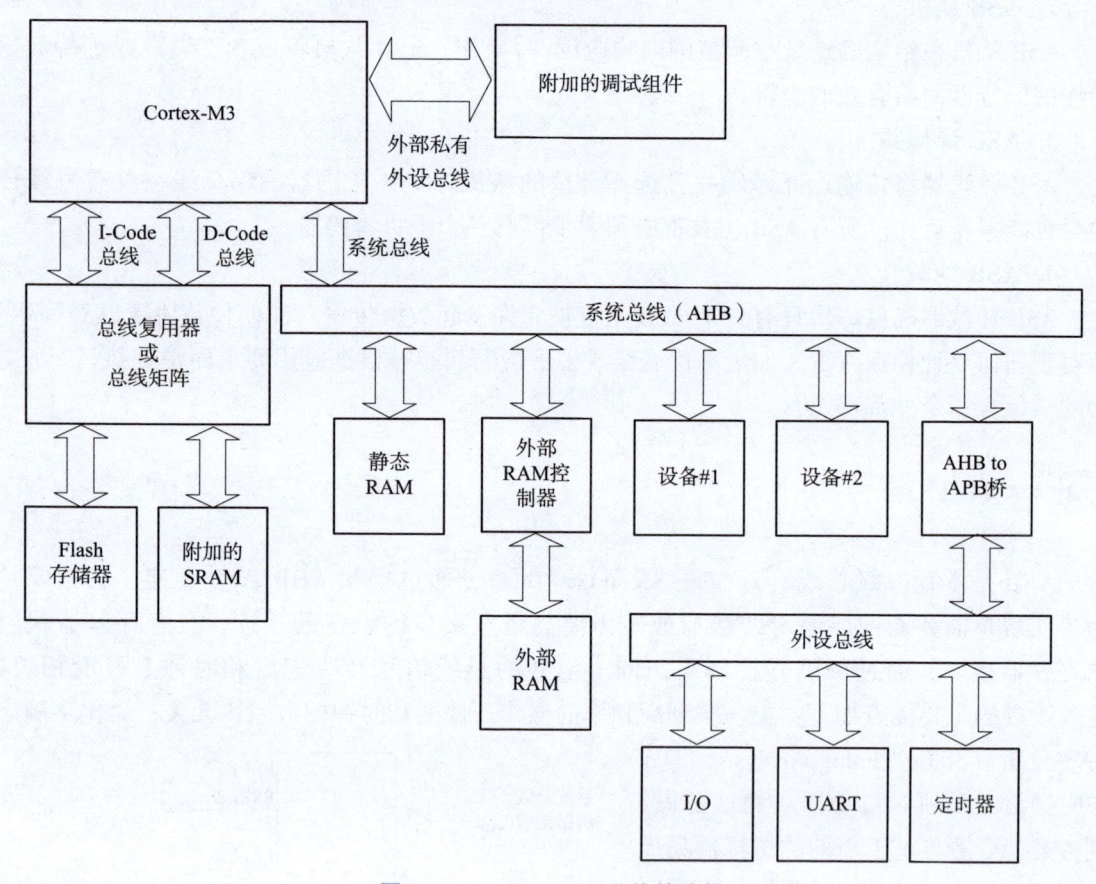

图 7-13 Cortex-M3 总线的连接

I-Code 总线：基于 AHB-Lite 协议的 32 总线，负责 0x0000_0000~0x1FFF_FFFF 的取指操作。

D-Code 总线：基于 AHB-Lite 协议的 32 位总线，负责 0x0000_0000~0x1FFF_FFFF 的数据访问操作。

系统总线：基于 AHB-Lite 协议的 32 位总线，负责 0x2000_0000～0xDFFF_FFFF 和 0xE010_0000~0xFFFF_FFFF 的所有数据传输。

外部私有外设总线：基于 APB 协议的 32 位总线。此总线用来负责 0xE004_0000～0xE00F_FFFF 的私有外设访问。

AHB to APB 桥：一个总线桥，用于把若干个 APB 设备连接到 Cortex-M3 微处理器的私有外设总线上（内部的和外部的）。Cortex-M3 允许芯片厂商把附加的 APB 设备挂在 APB 上，并通过 AHB to APB 桥接入 AHB。

习 题

1. 简述 CISC 处理器的特点。
2. 简述 RISC 处理器的特点。
3. 冯·诺依曼存储结构与哈佛存储结构的区别有哪些？
4. ARM Cortex-A、Corbex-R、Cortex-M 系列微处理器的适用领域有哪些？
5. 简述嵌入式系统的定义。
6. 嵌入式系统的硬件构成有哪些？
7. 简述嵌入式系统的软件分类。
8. Cortex-M3 微处理器内核构成有哪些？
9. MSP 与 PSP 的区别有哪些？
10. 简述 MPU 的功能。
11. 简述 R15 寄存器的功能。
12. 简述 LR 寄存器的功能。
13. 简述中断的概念。
14. 嵌套向量中断控制器（NVIC）的基本功能有哪些？
15. Cortex-M3 的工作模态有哪些？
16. Cortex-M3 的工作模式有哪些？
17. Cortex-M3 的两级特权操作有哪些？
18. 给出 Cortex-M 启动和异常处理操作模态的变化。
19. 简述 ARM 指令集、Thumb 指令集、Thumb-2 指令集的区别。
20. 下面两条指令有何区别？

    LDR R3,[R0,#4]

    LDR R3,[R0,#4]!
21. 下面 3 条指令有何区别？

    ADD R4,R3,#1

    ADDEQ R4,R3,#1

    ADDS R4,R3,#1
22. 用 ADC 指令完成 64 位加法，设第 1 个 64 位操作数放在 R2、R3 中，第 2 个 64 位操作数放在 R4、R5 中，64 位结果放在 R0、R1 中。
23. 若要将 R0 的第 0 位和第 3 位设置为 1，其余位不变，则应执行什么指令？
24. 若要将 R0 的低 4 位取反，其余位不变，则应执行什么指令？
25. 若要将 R0 的第 0 位和第 3 位清零，其余位不变，则应执行什么指令？
26. 设指令操作之前 R0=0x00000000，R1=0x40000001，则执行 MOV R0,R1,ROR #1 指令后 R0,R1 的值有何变化？
27. 设指令操作之前 APSR=nzcvqiFt_USER，R0=0x00000000，R1=0x80000001，则执行

MOVS R0, R1, ASR#1 指令后 R0，R1，APSR 的值有何变化？

28. 已知 32 位有符号数 X 存放在存储器地址 0x20001000 中，编程实现：

$$Y=\begin{cases} X & (X \geqslant 0) \\ -X & (X<0) \end{cases}$$

运算处理结果 Y 的值存放在地址为 0x20001004 的存储单元中。

29. 已知 32 位有符号数 X 存放在存储器地址 0x20001000 中，编程实现：

$$Y=\begin{cases} 1 & (X>0) \\ 0 & (X=0) \\ -1 & (X<0) \end{cases}$$

运算处理后 Y 的值存放在地址为 0x20001004 的存储单元中。

30. 编程实现 $S=1+2*3+3*4+4*5+\cdots+N(N+1)$，$N=10$。

31. 寄存器 R0 和 R1 中有两个正整数（15 和 3），编程求这两个数的最大公约数，并将运算结果存储在 R0 中。

32. 简述 Cortex-M3 存储器映射的内存分配情况。

33. 简述位带操作的优势。

34. 简述 Cortex-M3 微处理器的总线结构特点。

35. 简述 AHB-APB 桥的作用。

参 考 文 献

[1] 文全刚，张荣高. 汇编语言程序设计——基于 ARM 体系结构［M］. 4 版. 北京：北京航空航天大学出版社，2021.

[2] 吴常玉，曹孟娟，王丽红. ARM Cortex-M3 与 Cortex-M4 权威指南［M］. 3 版. 北京：清华大学出版社，2015.

[3] 陈客松，汪玲，庞晓凤. 微计算机原理与接口——基于 STM32 处理器［M］. 成都：电子科技大学出版社，2017.

[4] 孙彪，周跃庆. Cortex-M 处理器设计指南［M］. 北京：机械工业出版社. 2015.

[5] 严海蓉，李达，杭天昊，等. 嵌入式微处理器原理与应用——基于 ARM Cortex-M3 微控制器（STM32 系列）［M］. 2 版. 北京：清华大学出版社，2019.

[6] 王宜怀. 微型计算机原理及应用——基于 Arm 微处理器［M］. 北京：人民邮电出版社. 2020.

[7] 黄克亚. ARM Cortex-M3 嵌入式原理及应用——基于 STM32F103 微控制器［M］. 北京：清华大学出版社，2019.

[8] 郭建，陈刚，刘锦辉，等. 嵌入式系统设计基础及应用［M］. 北京：清华大学出版社，2022.

[9] 蔡东成. 基于 Cortex-M 轻量级神经网络地基云图识别设计［D］. 聊城：聊城大学，2023.

[10] 潘曦，闫建华，郑建君. 数字系统与微处理器［M］. 北京：北京理工大学出版社，2018.

[11] 阎波，李广军，林水生，等. 微处理器系统结构与嵌入式系统设计［M］. 3 版. 北京：电子工业出版社，2020.

[12] 何宾. 微型计算机系统原理及应用：国产龙芯处理器的软件和硬件集成（基础篇）［M］. 北京：电子工业出版社，2022.

[14] 赵东升. 基于 ARM Cortex-M3 核 MCU 的设计与应用［D］. 济南：山东大学，2021.

[15] 张会林. Cortex-M3 嵌入式系统课程的实践教学方法探讨［J］. 电子世界，2021（21）：53-54.

[16] 程宏玉. 面向 ARM Cortex-M 系列 MCU 的嵌入式集成开发环境设计研究［D］. 苏州：苏州大学，2021.

[17] 曹英姿. 基于 Cortex-M3 微处理器的 eMMC 主机控制器接口的设计［D］. 长沙：湖南大学，2021.

[18] 常广晖，陈诚，吴越，等. 一种支持 Cortex-M3 的 Simulink 自定义目标系统设计［J］. 计算机测量与控制，2021，29（08）：190-195.

[19] 成元虎. 低开销多指令集处理器设计技术研究［D］. 长沙：国防科技大学，2023.

［20］谭盾. 基于 ARM Cortex-M0 核的 MCU 设计及应用［D］. 成都：电子科技大学，2020.

［21］耿相珍. 基于稀疏化 CNN 在微控制器上的人脸识别研究［D］. 聊城：聊城大学，2022.

［22］李晓琳. 基于机器学习的 Cortex-M 视频结构化车型识别研究［D］. 聊城：聊城大学，2022.

［23］刘明. 基于微控制器的循环神经网络雾霾预测系统研究［D］. 聊城：聊城大学，2022.

［24］MUHAMMAD T，KASHIF J. ARM Microprocessor Systems：Cortex-M Architecture，Programming，and Interfacing［M］. CRC Press：2017.

［25］TAHIR M，JAVED K. ARM Microprocessor Systems［M］. Taylor and Francis：2017.

［26］郭书军，马良. ARM Cortex-M3 系统设计与实现——STM32 基础篇［M］. 3 版. 北京：电子工业出版社，2022.

附录　符号表

缩写	全　称
ADK	Amba Design Kit
AHB	Advanced High-performance Bus
AHB-AP	AHB Access Port
AMBA	Advanced Microcontroller Bus Architecture
APB	Advanced Peripheral Bus
API	Application Programming Interface
ARMARM	ARM Architecture Reference Manual
ASIC	Application Specific Integrated Circuit
ATB	Advanced Trace Bus
BE8	Byte Invariant Big Endian Mode
CMSIS	Cortex Microcontroller Software Interface Standard
CPI	Cycles Per Instruction
CPU	Central Processing Unit
DAP	Debug Access Port
DSP	Digital Signal Processor/Digital Signal Processing
DWT	Data Watchpoint and Trace
EABI/ABI	Embedded Application Binary Interface/Application Binary Interface
ETM	Embedded Trace Macrocell
FPB	Flash Patch and Breakpoint
FPGA	Field Programmable Gate Array
FPU	Floating Point Unit
FSR	Fault Status Register
ICE	In-Circuit Emulator
IDE	Integrated Development Environment
IRQ	Interrupt Request
ISA	Instruction Set Architecture
ISR	Interrupt Service Routine
ITM	Instrumentation Trace Macrocell

附录 符号表

续表

缩写	全称
JTAG	Joint Test Action Group
JTAG-DP	JTAG Debug Port
LR	Link Register
LSB	Least Significant Bit
LSU	Load-Store Unit
MAC	Multiply Accumulate
MCU	Microcontroller Unit
MMU	Memory Management Unit
MPU	Memory Protection Unit
MSB	Most Significant Bit
MSP	Main Stack Pointer
NaN	Not a Number
NMI	Non Maskable Interrupt
NVIC	Nested Vectored Interrupt Controller
OS	Operating System
PC	Program Counter
PMU	Power Management Unit
PSP	Process Stack Pointer
PPB	Private Peripheral Bus
PSR	Program Status Register
RTOS	Real Time Operating System
SCB	System Control Block
SCS	System Control Space
SIMD	Single Instruction Multiple Data
SP,MSP,PSP	Stack Pointer,Main Stack Pointer,Process Stack Pointer
SoC	System on Chip
SP	Stack Pointer
SRPG	State Retention Power Gating
SW	Serial Wire
SW-DP	Serial Wire Debug Port
SWJ-DP	Serial Wire JTAG Debug Port
SWW	Serial Wire Viewer

续表

缩写	全称
TCM	Tightly Coupled Memory
TPA	Trace Port Analyzer
TPIU	Trace Port Interface Unit
TRM	Technical Reference Manual
UAL	Unified Assembly Language
WIC	Wakeup Interrupt Controller